CARNET

A L'USAGE

DES INGÉNIEURS

ÉDITION 1855

PARIS
LIBRAIRIE SCIENTIFIQUE-INDUSTRIELLE
DE F.-L. MATHIAS
15, QUAI MALAQUAIS
ANCIENNE MAISON L. MATHIAS (AUGUSTIN)
1855

CARNET

A L'USAGE

DES INGÉNIEURS.

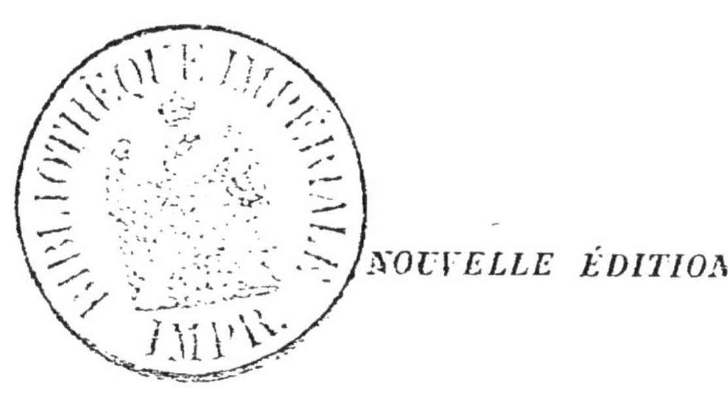

NOUVELLE ÉDITION.

PARIS
LIBRAIRIE SCIENTIFIQUE-INDUSTRIELLE
DE **F.-L. MATHIAS.**
Ancienne Maison L. Mathias (Augustin),
QUAI MALAQUAIS, 15.

1855

Imprimerie de Gustave GRATIOT, 30; rue Mazarine.

TABLE DES MATIÈRES.

Physique et Chimie.

Mécanique industrielle.

Hydraulique, Hydrodynamique.

Machines à vapeur.

Constructions. Renseignements divers.

Jours de la semaine, avec la date correspondante,

pour l'année 1855.

MOIS.	Dimanche.	Lundi.	Mardi.	Mercredi.	Jeudi.	Vendredi.	Samedi.	MOIS.	Dimanche.	Lundi.	Mardi.	Mercredi.	Jeudi.	Vendredi.	Samedi.
Janvier...	...	1	2	3	4	5	6	Juillet.....	1	2	3	4	5	6	7
	7	8	9	10	11	12	13		8	9	10	11	12	13	14
	14	15	16	17	18	19	20		15	16	17	18	19	20	21
	21	22	23	24	25	26	27		22	23	24	25	26	27	28
	28	29	30	31					29	30	31				
Février...	...	...	...	...	1	2	3	Août.......	...	...	...	1	2	3	4
	4	5	6	7	8	9	10		5	6	7	8	9	10	11
	11	12	13	14	15	16	17		12	13	14	15	16	17	18
	18	19	20	21	22	23	24		19	20	21	22	23	24	25
	25	26	27	28					26	27	28	29	30	31	
Mars......	...	...	...	...	1	2	3	Septembre.	...	...	...	...	...	...	1
	4	5	6	7	8	9	10		2	3	4	5	6	7	8
	11	12	13	14	15	16	17		9	10	11	12	13	14	15
	18	19	20	21	22	23	24		16	17	18	19	20	21	22
	25	26	27	28	29	30	31		23	24	25	26	27	28	29
									30						
Avril	1	2	3	4	5	6	7	Octobre....	...	1	2	3	4	5	6
	8	9	10	11	12	13	14		7	8	9	10	11	12	13
	15	16	17	18	19	20	21		14	15	16	17	18	19	20
	22	23	24	25	26	27	28		21	22	23	24	25	26	27
	29	30							28	29	30	31			
Mai	...	...	1	2	3	4	5	Novembre.	...	...	...	...	1	2	3
	6	7	8	9	10	11	12		4	5	6	7	8	9	10
	13	14	15	16	17	18	19		11	12	13	14	15	16	17
	20	21	22	23	24	25	26		18	19	20	21	22	23	24
	27	28	29	30	31				25	26	27	28	29	30	
Juin	...	...	...	...	...	1	2	Décembre.	...	...	...	...	...	...	1
	3	4	5	6	7	8	9		2	3	4	5	6	7	8
	10	11	12	13	14	15	16		9	10	11	12	13	14	15
	17	18	19	20	21	22	23		16	17	18	19	20	21	22
	24	25	26	27	28	29	30		23	24	25	26	27	28	29
									30	31					

Commencement des quatre saisons.

PRINTEMPS..... 21 mars, à 4 heures 16 minutes du matin.
ÉTÉ.............. 22 juin, à 0 heure 58 minutes *id.*
AUTOMNE ...... 23 septembre, à 3 heures 9 minutes du soir.
HIVER .... 22 décembre, à 8 heures 58 minutes du matin.

NOMS.	Poids légal	Valeur française.
AMÉRIQUE (ÉTATS-UNIS). (*Or.*)		
	gr.	fr. c.
Aigle de 10 dollars. .	16 770	53 85
Demi d°.	8 385	27 35
Quart d°.	4 1625	13 65
Argent.		
Dollar.	26 812	5 30
Demi d°.	18 406	2 60
Quart d°.	6 703	1 25
AUTRICHE ET BOHÊME. (*Or.*)		
Ducat impérial. . . .	3 490	11 85
Ducat de Hongrie. . .	3 490	11 8[illegible]
Souverain.	11 112	18 40
Demi-souverain. . .	5 556	8 20
Argent.		
Couronne.	28 064	5 15
Florin de 60 kreutzers	14 032	2 53
20 kreutzers.	6 639	0 83
10 d°.	3 898	0 40
BAVIÈRE. (*Or.*)		
Carolin.	9 744	5 60
Maximilien.	6 496	17 18
Argent.		
Couronne.	29 540	5 72
Risdale.	28 064	5 05
Siesten de Kopfstuck.	6 643	0 83
DANEMARCK. (*Or.*)		
Chrétien d'or. . . .	6 735	29 95
Ducat.	3 443	9 35
Argent.		
Risdale ou 6 marcs. .	29 426	5 66
Marc ou 16 shillings.	4 854	0 75
ESPAGNE. (*Or.*)		
Doublon de 8 couronnes.	27 045	80 80
D° de 4 couronnes.	13 5225	40 40
D° de 2 couronnes.	6 31125	20 20
Demi-pistole ou couronne.	3 155625	10 10
Argent.		
Piastre.	27 045	5 37
Peseta.	5 409	1 05
Demi d°.	2 7045	0 52
Realillo.	1 35225	0 25

NOMS.	Poids légal	Valeur française.
INDES ORIENTALES. (*Or.*)		
	gr.	fr. c.
Mohur du Bengale. .	12 340	41 85
D° de Bombay. .	10 889	37 60
Roupie de Bombay. .	12 340	36 45
D° de Madras. . .	12 340	36 55
Pagode de d°. . .	4 413	9 35
Argent.		
Roupie Sicca.	12 340	2 72
D° d'Arcate.	12 340	2 37
D° Bombay.	12 340	2 35
D° Broach.	12 340	2 15
GRANDE-BRETAGNE (*Or.*)		
Double souverain. . .	15 962	50 00
Souverain.	7 981	25 00
Demi d°.	3 9905	12 50
Argent.		
Couronne.	28 251	6 25
Demi-couronne. . . .	14 1255	3 10
Shilling.	5 650	1 25
Six pence.	2 825	0 60
Quatre d°.	1 882	0 40
GÊNES. (*Or.*)		
Doppie ou pistole. . .	6 736	20 00
Sequin.	3 487	12 01
Nouvelle génovine de 96 livres.	25 177	79 10
D° de 48 livres. . .	12 5885	39 55
Argent.		
Croizat.	38 402	8 20
Ecu de 5 livres. . . .	20 768	4 25
Double madonnine. .	90 30	1 67
HAMBOURG. (*Or.*)		
Ducat de 6 marcs ½. .	3 488	11 65
Argent.		
Risdale ou 6 marcs. .	29 233	5 35
Marc ou 16 shillings.	9 164	1 67
HANOVRE. (*Or.*)		
George d'or.	12 992	20 42
Ducat.	3 491	11 75
Double florin d'or. .	6 496	17 47
Florin d'or.	3 248	8 53

NOMS.	Poids légal	Valeur française
HANOVRE (*Argent.*)		
	gr.	fr. c
Risdale.	29 213	5 40
Florin.	13 066	2 90
Demi d°.	6 533	1 41
Quart d°.	3 2665	0 66
HOLLANDE. (*Or.*)		
20 florins.	9 940	42 72
Ryder.	9 940	31 27
10 florins.	4 970	21 35
10 williams 1818. .	6 729	19 50
Argent.		
Ducaton.	31 550	6 75
Ducat ou risdale. . .	31 550	5 40
Florin.	10 516	1 66
Escalin.	5 258	0 60
NAPLES. (*Or.*)		
Once de 3 ducats. . .	3 787	13 80
Argent		
12 carlins 1804. . .	27 533	5 12
Ducat de 10 d° 1818.	20 833	4 17
2 carlins 1804. . . .	4 5860	0 80
1 d° d°.	2 2930	0 40
POLOGNE ET PRUSSE. (*Or.*)		
Frédéric d'or. . . .	6 682	19 60
Demi d°.	3 341	9 80
Ducat.	34 90	11 65
Argent.		
Risdale.	22 273	3 62
5 groschen.	3 182	0 58
Groscher.	0 6364	0 12
PORTUGAL. (*Or.*)		
Moïdore de 4800 reis.	10 752	33 62
Demi-moïdore. . . .	5 376	16 81
Quart de d°.	2 688	8 32
Moïadobra.	14 334	44 83
Demi d°.	7 167	22 30
16 testons.	3 583	11 40
12 d°.	2 68725	7 72
8 d°.	1 7615	5 58
Cruzade.	1 062	3 32

NOMS.	Poids légal	Valeur française.
PORTUGAL. (*Argent.*)		
	gr.	fr. c.
Nouvelle cruzade de 480 reis.	14 633	6 40
ROME. (*Or.*)		
Pistole de Pie VI et VII	5 471	17 35
Demi-pistole.	2 7355	8 15
Sequin 1769.	3 426	11 70
Demi d°.	1 713	5 82
Argent.		
Couronne de 10 pauls.	26 437	5 32
Teston de 3 pauls. .	5 9311	1 60
Teston de 2 pauls. .	3 2874	1 05
Paul.	2 6437	0 52
RUSSIE. (*Or.*)		
Ducat de 1763. . . .	3 473	11 47
Impériale de 10 roubl.	13 072	40 90
Demi d°.	6 536	20 45
Argent.		
Rouble de 100 copecks	20 640	3 95
SARDAIGNE (*Or.*)		
Carlin, 1768.	16 058	42 40
Demi d°.	8 029	24 42
Pistole.	9 117	27 97
Demi d°.	4 538	14 07
SAXE. (*Or.*)		
Double Auguste. . .	12 140	41 10
Auguste.	6 070	20 55
Demi d°.	3 035	10 27
Argent.		
Risdale.	28 064	5 12
Demi d°.	14 032	2 55
SICILE. (*Or.*)		
Once, 1748.	4 399	13 52
Argent.		
Couronne de 12 tares.	27 333	5 05
SUÈDE. (*Or.*)		
Ducat.	3 482	11 57
Demi d°.	1 741	5 75
Quart d°.	8 705	2 82
Argent.		
Risdale.	29 508	5 60
Deux tiers d°. . . .	19 672	3 75
Un tiers d°.	9 836	1 85

NOMS.	Poids légal	Valeur française	NOMS.	Poids légal	Valeur française
SUISSE. (*Or.*)			SUISSE. (*Argent.*)		
	gr.	fr. c		gr.	fr. c
32 franken.	15 297	47 1[illegible]	2 franken de Suisse.	15 025	2 9[illegible]
16 d°.	7 648	23 55	1 d° d°. . .	7 512	1 47
Ducat de Zurich. . .	3 491	11 75	TURQUIE (*Or.*)		
D° de Berne.. . .	3 452	11 52	Sequin Zermahboub.	2 612	7 2[illegible]
Pistole d°.. . . .	7 648	22 9[illegible]	Demi d°.	1 321	3 37
Argent.			Quart d°.	0 6605	1 77
Couronne de Bâle.. .	23 386	4 47	Roupie.	0 881	2 35
Demi d° ou florin. .	11 693	2 17	*Argent.*		
Franken de Berne.. .	7 3125	1 47	Altmichlec.	28 882	3 45
4 d° d°. . .	29 370	5 8[illegible]	Yaremlec.	9 624	0 92
Couronne de Zurich.	25 057	4 6[illegible]	Roupie de 10 paras.	4 813	0 45
Demi d°	12 528	2 02	Piastre de 40 paras ou 120 asphan. . . .	18 015	1 95
4 franken de Suisse.	30 049	5 90			

Poids, diamètre et valeur des pièces de monnaie françaises.

Alliages	Valeur proport.	Valeur nominale		Poids droit		Tolérance par kilog.	Diamètre	Poids		Monnaies équivalentes au poids: Bronze		Argent		Or
		fr.	c	gr.	m.	gr.	mill.	kil.	gr.	fr.	c.	fr.	c.	fr.
Or 9	310	20	»	6	4516	2	21		1		1		20	
Cuivre 1	id.	10	»	3	2258	2	19		2		2		40	
		5	»	25		3	37		5		5	1	»	
Argent 9		2	»	10		5	27		10		10	2	»	
	20	1	»	5		5	23		20		20	4	»	
Cuivre 1		0	50	2	5	7	18		50		50	10	»	
		0	20	1		10	15		100	1	»	20	»	
Bronze		0	10	10		10	30		200	2		40	»	
Cuivre		0	05	5		10	25		500	5		100	»	1550
Étain	1	0	02	2		15	20	1	»	10		200	»	3100
Zinc		0	01	1		15	15	2	»	20		400	»	6200
								5	»	50		1000	»	15500

Au moyen d'un certain nombre des pièces des divers alliages monétaires on peut :

1° Constituer la série complète des poids à partir du gramme. C'est ce qui est indiqué dans le deuxième tableau ; au moyen de la cinquième colonne du premier tableau, on trouvera la différence maximum pour 1 kilog.

2° La sixième colonne indique que l'on peut trouver l'unité de longueur, ou le mètre, au moyen d'un certain nombre de pièces mises bout à bout ; mais cette mesure ne saurait être regardée comme précise, par suite de l'inégalité des pièces et des lettres en relief du cordon.

Table des Mesures linéaires, itinéraires et commerciales

des principaux États du globe, exprimées en mesures métriques, *revue par M. Silbermann.*

Noms des Pays.	Désignations	Mesures kil. mètres
ANGLETERRE	Yard impérial = 3 feet (pieds).	0,914 383
	Foot = 12 inches (pouces) . .	0,304 794
	Furlong = 200 yards	201,164 4
	Mille = 8 furlongs	1,689
	Mille géographique.	1,851
	League (lieue).	5,569
	Malte. Pied.	0,283,6
AUTRICHE	*Vienne.* Fuss (pied) = 12 zoll = 144 linie.	0,316 103
	—Elle (aune).	0,779 2
	— id. de la haute Autriche.	0,799 7
	Bohême. Fuss (pied) d'Oltembourg. . .	0,296 416
	Venise. id. (pied)	0,435 185
	—Brasse de laine.	0,683 4
	— id. de soie.	0,638 7
	—Palmo (pied)	0,347 398
	— id. d'architecte.	0,396 5
	Raguse, Dalmatie. Aune	0,513 2
	Milan et *Pavie*, *Crémone.* Brasse d'après les tavole di ragguaglio	0,594 9
	—Mille d'Autriche.	7,586
	— id. marin	1,852
	Bohême. Mille marin.	6,910
	Italie. id. id.	1,856
	Venise. id. id.	1,834
	Hongrie. id. id. = 26625 pieds du Rhin.	8,356
BADE	*Carlsruhe.* Fuss (pied) nouveau = 10 zoll = 100 linie.	0,3
	—Meile.	8,889
BAVIÈRE	*Munich.* Fuss (pied)	0,291 860
	—Elle (aune).	0,833 0
	Nuremberg. Fuss (pied)	0,303 793
	—Elle (aune).	0,656 4
	Augsbourg. Elle (pied).	0,296 168
	—Meile = 23660 pieds du Rhin. . . .	7,426,
BELGIQUE	—Elle (aune) = 1 mètre.	1
	Anvers. Pied.	0,285 588
	—Mille métrique.	1
	—Lieue de Brabant	5.556
	id. de Flandre = 20000 pieds du Rhin.	6,277
	Ostende. Aune	0,699 5
BRÊME	—Fuss (pied) = 12 zoll = 144 linie. . .	0,289 197
	—Elle (aune).	0,578 4

Noms des Pays.	Désignations	Mesures
		kil. mètres
BRUNSWICK	—Fuss (pied) = 12 zoll = 144 linie. . .	0,385 362
	—Elle	0,570 7
CHILI	Le système décimal français est décrété dans ce pays.	
CHINE	Iboid (pied).	0,306 288
COLOMBIE	Le système décimal français est décrété dans ce pays	
CRACOVIE	Fuss (pied).	0,356 421
	Elle (aune).	0,617 0
DANEMARK	Fed (pied)	0,313 760
	Elle (aune).	0,627 7
	Perche = 10 pieds.	3,137 60
	Mille = 2400 perches.	7,532
ÉGYPTE	Coudée antique.	0,525 924
ESPAGNE	Mètre (depuis 1850).	1
	Burgos. Pied = 12 pouces = 144 lignes.	0,282 655
	—Vara de Castille (aune) = 3 pies.	0,847 965
	Havane. id. id. = 3 pies.	0,847 965
	—Lieue royale = 25000 pies.	7,066
	—Lieue commune = 19800 pies.	5,607
	Mille marin.	6,365
ÉTATS DE L'ÉGLISE	*Rome.* Pie.	0,297 896
	—Palmo des architectes = 3/4 du pie. .	0,223 422
	—Pied antique	0,295 560
	—Canne des marchands divisée en 8 palmes.	1,992
	—Brasse des tisserands div. en 3 palmes.	0,636 1
	— id. des marchands div. en 4 palmes.	0,848 2
	Bologne. id. id. id.	0,645 2
	—Mille.	1,489
ÉTATS-UNIS D'AMÉRIQUE	Comme l'Angleterre.	
FRANCE	Mètre.	1
	Kilomètre = 1000 mètres.	1,000
	Myriamètre = 10,000 mètres.	10,000
	Lieue marine de 20 au degré.	5,556
	Lieue de poste (ancienne).	3,898
	Mille géographique de 60 au degré. . .	1,852
	Pied de roi (ancien).	0,334 85
FRANCFORT	Fuss (pied du Rhin comme la Prusse). .	0,284 610
	Elle (aune).	9,547 3
GRÈCE	Comme la France et l'Angleterre. . .	0,095 496
GRENADE (Nouvelle-)	Le système décimal français est décrété dans ce pays.	

Noms des Pays.	Désignations	Mesures kil. mètres
HAMBOURG	Palm.	0,095 496
	Fuss = 3 palm = 12 zoll = 96 parties.	0,286 490
	Elle (aune).	0 573 0
	id. de Brabant.	0,691 5
	Mille = 24000 pieds du Rhin.	7,532
HANOVRE	Fuss (pied) = 12 zoll = 96 huitièmes, ou = 144 lignes.	0,291 995
	Elle (aune).	0,584 0
HESSE	*Darmstadt.* Fuss (pied) = 10 zoll = 100 lig.	0,25
	Cassel. id. de construction.	0,284 911
	—Elle (aune).	0,569 4
HOLLANDE	—Elle (aune).	1
	—Pied = 3 palm = 11 pouces = 264 quarts.	0,283 056
	—Pied du Rhin pour le Luxembourg.	0,313 854
	Middelbourg. Pied du Rhin.	0,300 025
	Amsterdam. Elle.	0,690 3
	—Elle de soie (d'Anvers).	0,694 3
	— id. de laine id.	0,684 4
	Harlem. Elle ordinaire.	0,683 5
	—Elle de linge.	0,742 6
	Leide. Elle.	0,683 1
	—Mille = 20692 pieds du Rhin.	5,857
	— id. marin de 20 au degré.	5,556
IONIENNE (B.)	*Zante et Céphalonie.* Pied.	0,347 398
LUCQUES	Basse.	0,595 1
LUBECK	Fuss (pied) = 12 zoll = 144 lignes = 1728 points.	0,287 62
	Elle (aune) = 2 fuss.	0,575 24
	Meile (mille géographique).	1,852
MECKLENBOURG	*Rostock.* Fuss (pied)	0,291 002
MEXIQUE	Mètre. Le système décimal français est décrété dans la république.	1
MODÈNE	*Modène.* Pied.	0,523 048
	Reggio. id.	0,530 898
NASSAU	*Wiesbaden.* Fuss (pied).	0,287 844
OTTOMAN (Empire)	*Constantinople.* Grand pie, halebi ou archim.	0,669 079
	—Petit pie, draa stambulin.	0,647 874
	—Berri (mille).	1,670
	Mille marin.	1,479
PARME	Braccio di legno = 12 po. = 1728 atomi.	0,544 670
	id. pour laine, coton et linge.	0,643 8
	id. pour soie.	0,594 4
POLOGNE	Pied = 12 pouces = 144 lignes (stopy).	0,297 769
	Varsovie. Aune.	0,584 6
	—Mille de 20 au degré.	5,556

Noms des Pays.	Désignations	Mesures kil.	mètres
PORTUGAL	—Palmo craveiro = 8 pouces = 96 lignes = 960 points.		0,218 59
	—Pied d'architecte.		0,338 6
	—Braça ou Brasse = 10 palmos = 2 vara.		2,185 9
	Lisbonne. Vara.		1,092 9
	—Lieue de 18 au degré.	6,180	
	— id. de 20 au degré (maritime). . .	5,556	
	— id. de 60 au degré id. . . .	1,852	
PRUSSE	Rhein Fuss (pied du Rhin) = 12 zoll = 144 linien = 1728 scrupeln.		0,313 854
	Aix-la-Chapelle. Fuss (pied) = 12 zoll = 144 linien.		0,281 979
	—Fuss d'architecte.		0,288 701
	Berlin. Fuss = 12 zoll.		0,309 726
	—Elle (aune ancienne).		0,667 7
	—Elle (aune nouvelle).		0,666 9
	Cologne. Elle (aune).		0,575 2
	—Lieue de 15 au degré.	7,407	
	—Mille de 24801 pieds du Rhin.	7,783	
	— id. de 24000 id. 2000 perches.	7,532	
	Silésie. Mille de 20877 pieds du Rhin.	6,552	
RUSSIE	Pied = 12 verchock = 24 palez = 288 lieues.		0,304 794
	Sagène = 3 archines.		2,133 7
	Archine.		0,711 480
	Pétersbourg. Pied russe.		0,538 151
	Riga. Aune.		0,548 2
	—Verste = 50 sagènes = 1500 archives.	1,067	
	Lithuanie. Mille = 28530 pieds du Rhin.	8,954	
SARDAIGNE	Mètre.		1
	Pied liprando = 12 onces = 144 points = 1728 atomes.		0,513 766
	Pied ordinaire = 8 onces = 96 points = 1520 atomi.		0,342 510
	Trabucco = 6 pieds lip. = 9 pieds ord.		3,082 595
	Turin. Raso = 14 onces (vassali candi).		0,599 4
	Gênes. Palme (commission génoise). .		0,248 3
	—Mille = 1300 toises.	2,534	
	Cagliari. Raso.		0,549 3
	—Palmo du pays.		0,248 367
	— id. de la ville.		0,202 573
SAXE	Fuss (pied) = 12 pouces = 144 lignes = 1728 points.		0,283 260
	Mille de police = 32000 pieds.	9,064	
	Dresde. Aune.		0,566 5
	Leipzig. id.		0,565 31
	Weimar. id.		0,564 0
	Gotha. Pied.		0,287 618
	Weimar. Mille	6,798	
	—Pied = 12 pouces = 144 lignes. . . .		0,281 979
	— id. d'arpenteur = 10 pouces = 100 lig.		0,281 979

Noms des Pays.	Désignations	Mesures
		kil. mètres
SICILES (DEUX-)	*Naples.* Palmo = 12 onces = 60 minuti.	0,263 670
	—Canne = 8 palmes napolitaines. . . .	2,096 1
	Palerme. Canne = 8 palmes.	1,942 3
	Naples. Mille = 7000 palmi.	1,866
SUÈDE	—Fod (pied) = 12 pouces = 144 lignes.	0,296 838
	—Aune = 2 pieds.	0,593 7
	—Mille = 2250 perches (de 16 pieds).	10,688
	Norwége. Mille = 35491 pieds du Rhin.	11,139
SUISSE	*Bâle.* Pied.	0,304 537
	Berne. id. 12 pouces.	0,293 258
	Genève. id.	0,487 900
	Lausanne. id. = 10 pouces = 108 lig.	0,3
	Lucerne. id.	0,313 854
	Neufchâtel. id.	0,300 025
	Zurich. id.	0,301 379
	Berne. Aune.	0,542 50
	Genève. id.	1,143 7
	Neufchâtel. id.	1,111 1
	Zurich. id.	0,600 1
	—Mètre.	1
TOSCANE	*Florence.* Braccio.	0,594 2
	—Braccio, pied géographique.	0,583 028
	— id. id. de construction.	0,548 167
	—Mille.	1,608
WURTEMBERG	*Stuttgard.* Fuss = 10 zoll = 100 linie. .	0,286 490
	—Elle.	0,614 3
	—Mille de 15 au degré.	7,407

Mesures légales conformes aux lois du 18 germinal an III, et du 4 juillet 1837.

MESURES DE LONGUEUR.

Myriamètre = 10,000 mètres.
Kilomètre = 1,000 mètres.
Hectomètre = 100 mètres.
Décamètre = 10 mètres.
METRE, unité fondamentale des poids et mesures (1) (10 millionième partie du quart du méridien terrestre).
Décimètre = 1/10 du mètre.
Centimètre = 1/100 du mètre.
Millimètre = 1/1000 du mètre.

MESURES AGRAIRES.

Hectare = 100 ares ou 10,000 mètres carrés.
Are = 100 mètres carrés, carré de 10 mètres de côté.
Centiare = 1/100 de l'are, ou mètre carré.

MESURES DE CAPACITÉ POUR LES LIQUIDES ET LES MATIÈRES SÈCHES.

Kilolitre = 1,000 litres.
Hectolitre = 100 litres.
Décalitre = 10 litres.
Litre = 1 décimètre cube.
Décilitre = 1/10 du litre.

MESURES DE SOLIDITÉ.

Décastère = 10 stères.
Stère = 1 metre cube.
Décistère = 1/10 de stère.

POIDS.

1,000 kilogrammes, poids du mètre cube d'eau et du tonneau de mer.
100 kilogrammes, *quintal* métrique.
Kilogramme = 1,000 grammes, poids dans le vide d'un décimètre cube d'eau distillée à la température de de quatre degrés centigrades (2).
Hectogramme = 100 grammes.
Décagramme = 10 grammes.
Gramme = le poids d'un centimèt cube d'eau à quatre degrés centigrades.
Décigramme = 1/10 du gramme.
Centigramme = 1/100 du gramme.
Milligramme = 1/1000 du gramme.

Conversion des anciens poids en nouveaux.

	kilog.		kilog.		kilog.
1 grain.	0.000 053	6 gros.	0.022 94	5 livre.	2 447 5
2	0.000 106	7	0.026 77	6	2.937
3	0.000 159	1 once.	0.030 59	7	3.426 5
4	0.000 212	2	0 061 19	8	3.916
5	0.000 266	3	0.091 78	9	4.405 6
6	0.000 319	4	0.122 38	10	4 895 1
7	0.000 372	5	0.152 97	20	9.790 2
8	0.000 425	6	0.183 56	30	14.685 2
9	0.000 478	7	0.214 16	40	19.580 2
10	0.000 53	8	0.244 75	50	24.475 3
20	0.001 06	9	0.275 36	60	29.370 3
30	0.001 59	10	0.305 94	70	34.265 4
40	0.002 12	11	0 336 53	80	39.160 5
50	0.002 66	12	0 367 14	90	44.055 5
60	0.003 19	13	0 397 73	100	48.950 6
70	0.003 72	14	0.428 33	200	97.902
1 gros.	0.003 82	15	0.458 91	300	146 852
2	0.007 65	1 livre.	0.489 5	400	195 802
3	0.011 47	2	0.979	500	244.753
4	0.015 30	3	1.468 5	1000	489.506
5	0.019 12	4	1.958		

(1) L'étalon prototype en platine, déposé aux archives le 4 messidor an VII, donne la longueur légale du mètre quand il est à la température zéro.
(2) *Idem, idem*, donne, dans le vide, le poids légal du kilogramme.

Conversion des mesures de capacité.

MESURES DE SOLIDITÉ.

Bois de chauffage.

1 corde = 3,8391 stères; 1 stère = 0,2605 cordes.

MESURES DE CAPACITÉ POUR LES MATIÈRES SÈCHES.

Muid de Paris en hectolitres.

Pour les grains, le muid = 12 setiers × 12 boisseaux.
Pour le sel, *id.* = 12 *id.* × 16 *id.*
Pour l'avoine, *id.* = 12 *id.* × 24 *id.*
Pour le charbon, *id.* = 10 *id.* × 32 *id.*

Le boisseau × 16 litrons représente, en nouvelles mesures, 13,01 litres.

GRAINS. — Muid de 144 boisseaux.	SEL. — Muid de 192 boisseaux.	AVOINE. — Muid de 228 boisseaux.	CHARBON. — Muid de 320 boisseaux,
1 m. 18.73 h.	1 m. 24.98 h.	1 m. 37.46 h.	1 m. 41.60 h.
2 37.46	2 49.95	2 74.93	2 83 30
3 56.20	3 74.93	3 112 39	3 124.90
4 74.93	4 99.90	4 149.86	4 166 50
5 93 66	5 124.88	5 187.32	5 208.10
6 112 39	6 149.86	6 224.78	6 249.80
7 131 12	7 174 83	7 262 25	7 291.40
8 149.86	8 199 81	8 299.71	8 333.00
9 168.59	9 224.78	9 337.18	9 374.60

MESURES DE CAPACITÉ POUR LES LIQUIDES.

Muid de Paris (le liquide supposé sans lie.)

2 feuillettes × 2 quartauts × 9 setiers ou velles × 8 pintes.

Muid de 288 pintes.

1 muid = 2,6821 hectolitres; 1 hectolitre = 0,3728 muid.

Setier de 8 pintes.

1 setier = 0,745 décalitre; 1 décalitre = 1,342 setier.

Pinte de Paris.

2 chopines × 2 demi setiers 1/2 setier × 2 poissons;
Le 1/2 poisson = 2 roquilles.
1 pinte = 0,9313 litre; 1 litre = 1,9737 pinte.

1 MÈTRE.	=	0.513 074 de toise.
1 MÈTRE CARRÉ.	=	0.263 244 929 476 de toise carrée.
1 MÈTRE CUBE.	=	0.135 064 128 946 de toise cube.
1 TOISE.	=	1.9490 365 912 mètre.
1 TOISE CARRÉE.	=	3.7987 436 338 mètres carrés.
1 TOISE CUBE.	=	7.4038 903 430 mètres cubes.

Réduction des toises en mètres et décimales du mètre.

Toises.	Mètres.	Toises.	Mètres.	Toises.	Mètres.
1	1.94 904	30	58 47 110	500	974.51 830
2	3 89 807	40	77.96 146	600	1 169.42 195
3	5.84 711	50	97 45 183	700	1 364.32 561
4	7.79 615	60	116.94 220	800	1 559.22 927
5	9.74 518	70	136.43 256	900	1 754.13 293
6	11.69 422	80	155.92 293	1 000	1 949.03 659
7	13.64 326	90	175.41 329	2 000	3 898.07 318
8	15.59 229	100	194.90 366	3 000	5 847.10 977
9	17.54 133	200	389.80 732	4 000	7 796 14 636
10	19.49 037	300	584 71 098	5 000	9 745.18 296
20	38.98 073	400	779.61 464	10 000	19 490 36 591

Réduction des pieds en mètres et décimales du mètre.

Pieds.	Mètres.	Pieds.	Mètres.	Pieds.	Mètres.
1	0.32 484	30	9.74 518	500	162.41 972
2	0.64 968	40	12.99 358	600	194.90 366
3	0 97 452	50	16.24 197	700	227.38 760
4	1.29 936	60	19.49 037	800	259.87 155
5	1.62 420	70	22.73 876	900	292.35 549
6	1.94 904	80	25 98 715	1 000	324.83 943
7	2.27 388	90	29.23 555	2 000	649.67 886
8	2.59 872	100	32 48 394	3 000	974.51 830
9	2.62 355	200	64.96 789	4 000	1 299.35 773
10	3.24 839	300	97.45 183	5 000	1 624.19 716
20	6.49 679	400	129.93 577	10 000	3 248.39 432

Réduction des pouces en mètres et décimales du mètre.

Pouces.	Mètres.	Pouces.	Mètres.	Pouces.	Mètres.
1	0.02 707	12	0.32 484	50	1,35 350
2	0.05 414	13	0.35 191	60	1.62 420
3	0.08 121	14	0.37 898	70	1.89 490
4	0.10 828	15	0.40 605	80	2.16 560
5	0.13 535	16	0.43 312	90	2.43 630
6	0.16 242	17	0.46 019	100	2.70 700
7	0.18 949	18	0,48 726	200	5.41 399
8	0.21 656	19	0.51 433	300	8.12 099
9	0.24 363	20	0.54 140	400	10.82 798
10	0.27 070	30	0.81 210	500	13.53 498
11	0.29 777	40	1.08 280	1 000	27.06 995

Réduction des lignes en millimètres.

Lignes.	Millimètres.	Lignes.	Millimètres.	Lignes.	Millimètres.
1	2.256	40	90 233	150	338.374
2	4.512	50	112.791	160	360.933
3	6 767	60	135.350	170	383.491
4	9.023	70	157.908	180	406.049
5	11.279	80	180 466	190	428.608
6	13.535	90	203 025	200	451.166
7	15.791	100	225.583	210	473.724
8	18.047	110	248.141	220	496.282
9	20 302	120	270.700	230	518.841
10	22.558	130	293.258	240	541.399
20	45.117	140	315.816	250	563.957
30	67 675				

Réduction des mètres en pieds, pouces, lignes et décimales de la ligne.

Mètres.	Pieds.	Pouc.	Lignes.	Mètres.	Pieds.	Pouc.	Lignes
1	3	0	11.296	100	307	10	1.6
2	6	1	10.592	200	615	8	3.2
3	9	2	9.888	300	923	6	4.8
4	12	3	9.184	400	1 231	4	6.4
5	15	4	8.480	500	1 539	2	8.0
6	18	5	7.776	600	1 847	0	9.6
7	21	6	7.072	700	2 154	10	11.2
8	24	7	6.368	800	2 462	9	0.8
9	27	8	5.664	900	2 770	7	2.4
10	30	9	4.960	1 000	3 078	5	4.0
20	61	6	9.92	2 000	6 156	10	8
30	92	4	2.88	3 000	9 235	4	0
40	123	1	7.84	4 000	12 313	9	4
50	153	11	0 80	5 000	15 392	2	8
60	184	8	5.76	6 000	18 470	8	0
70	215	5	10.72	7 000	21 549	1	4
80	246	3	3.68	8 000	24 627	6	8
90	277	0	8.64	9 000	27 706	0	0
				10 000	30 784	5	4

Parties décimales du mètre.

Décim.	Pieds.	Pouc.	Lignes.	Cent.	Pouc.	Lignes.	Millim.	Lignes.
1	0	3	8.3296	1	0	4.4340	1	0.4433
2	0	7	4.6592	2	0	8.8659	2	0.8866
3	0	11	0 9888	3	1	1 2989	3	1.3299
4	1	2	9.3184	4	1	5.7318	4	1.7732
5	1	6	5.6480	5	1	10.1648	5	2.2165
6	1	10	1.9776	6	2	2.5978	6	2.6598
7	2	1	10.3072	7	2	7.0307	7	3.1031
8	2	5	6.6368	8	2	11.4637	8	3.5464
9	2	9	2.9664	9	3	3.8966	9	3.9897
10	3	0	11.2960	10	3	8.3296	10	4.4330

Mesures légales de l'Angleterre décrétées en janvier 1826.

MESURES DE LONGUEUR.

12 inches. . . . . . . = 1 foot.
3 feet. . . . . = 1 yard.
5 yards.. . . . . = 1 pole ou rod.
40 poles.. . . . . = 1 furlong.
8 furlongs, ou 1760 yards = 1 mile.

Mesures des terres.

7·92 inches. . . . . . = 1 link.
100 lincks, ou 22 yards. . = 1 chain.
80 chains. . . . . . . = 1 mile.
69·121 miles. . . . . . = 1 geo. degree.

Mesures nautiques.

1 nautical mile. . = 6082·66 feet.
3 miles. . . . . = 1 league.
20 leagues. . . . = 1 degree.
360 degrees. . . . = the earth's circumference.

MESURES DE SUPERFICIE OU CARRÉES.

144 square inches. . . . . = 1 sq. foot.
9 square feet. . . . . . = 1 sq. yard.
30¼ square yards. . . . . . = 1 sq. pole.
40 square poles. . . . . . = 1 rood.
4 roods ou 4840 sq. yards. = 1 acre.

MESURES SPÉCIALES DE SUPERFICIE POUR LES TERRES.

62·7264 square inches.. = 1 square link.
10·000 square links. . . = 1 square chain.
10 square chains. . . . = 1 acre.

MESURES DE SOLIDITÉ OU CUBIQUES.

1728 cubic inches. . . . = 1 cubic foot.
27 cubic feet.. . . . . = 1 cubic yard.
Nota. 1 foot *ou pied* cube = 2200 inches cylindriques — ou 3300 inches sphériques — ou 6600 inches coniques.

MESURES DE CAPACITÉ POUR LES LIQUIDES, GRAINS, FRUITS, ETC.

Liquides.

8·663 cubic inches. . . . . = 1 gill.
4 gills. . . . . = 1 pint.
2 pints. . . . . = 1 quart.
4 quarts, or 277·274 cubic in. = 1 gallon.

Matières sèches.

2 gallons.. . . . . = 1 peck.
4 pecks, or 2218·192 cubic in. = 1 bushel.
8 bushels. . . . . = 1 quarter.
5 quarters. . . . . = 1 load.

POIDS.

Troy, etc.

24 grains. . . . . = 1 pennyweight.
20 pennyweights. . . . = 1 ounce.
12 ounces. . . . . . . = 1 pound.

Avoir du poit.

27·34375 troy grains. . = 1 dram.
16 drams. . . . . . . = 1 ounce.
16 ounces. . . . . . . = 1 pound.
14 pounds. . . . . . . = 1 stone.
2 stones. . . . . = 1 quarter.
4 quarters, ou 112 lbs. = 1 cwt.
20 cwt. . . . . = 1 ton.

Conversion des principales mesures anglaises, en mesures françaises métriques.

MESURES DE LONGUEUR.

Anglaises.	*Françaises.*
Inche ou pouce (1/36 du yard). . =	2,539 954 centi.
Foot ou pied (1/3 du yard). . . =	3,0479 449 déci.
YARD impérial. . . =	0,91 438 348 mèt.
Fathom (2 yards). . =	1,82 876 696 mèt.
Pole ou rod ou perche (5 1/3 yards . . =	5,02 911 mèt.
Furlong (220 yards). =	201,16 437 mèt.
Mile (1760 yards). . =	1609,3 149 mèt.

Françaises.	*Anglaises.*
Millimètre. . =	0,03937 pouces ou inches
Centimètre. . =	0,393708 pouces *id.*
Décimetre. . =	3,937079 pouces *id.*
Mètre. . . . =	39,37079 pouces *id.*
Mètre. . . . =	3,2 808 992 pieds ou feet.
Mètre. . . . =	1,093 633 yard
Myriamètre. =	6,2138 miles.

MESURES DE SUPERFICIE.

Anglaises.	*Françaises.*
Yard carré.. . . . =	0,836 097 mèt. car.
Rod. (perche car.). =	25,291 939 *id.*
Rood (1210 yards car.) =	10,116 775 ares.
Acre (4840 yards car.) =	0,404 671 hect.

Françaises.	*Anglaises.*
Mètre carré. . . . =	1,196 033 yard carré.
Are. . . . . . . =	0,098 845 rood.
Hectare. . . . . =	2,473 614 acres.

POIDS.

Anglais (troy). (1)	*Français.*
Grain (24e de pen.w.) =	0,06 477 gram.
Pennyweight (20e d'onc.) =	1,55 450 *id.*
Once (12e de livre troy). =	31,0913 *id.*
Livre troy impériale. . =	0,3730 950 kil.

(1) *Pour peser les matières précieuses.*

Anglais (avoir-du-pois). *Français.*

Dram (16e d'once). . . . = 1.7712 gram.
Once (16e de livre). . . =28,3384 gram.
Livre avoir-du-pois impériale. . . . . . . = 0,4534148 kil.
Quintal (112 liv. av. d. p.)=50,78246 kilog.
Ton (20 quintaux). . . =1015,649 kilog.

Français. *Anglais.*

Gramme. { . . =15,438 grains troy.
. . = 0,643 pennyweight.
. . = 0,03216 onces troy.

Kilog. . . { . . = 2,68027 livres troy.
. . = 2,20548 livres avoir-du-pois.

MESURE DE CAPACITÉ.

Anglaises. *Françaises.*

Pint (1/0 de gallon. . = 0,567 932 litre.
Quart (1/4 de gallon). = 1,135 864 *id.*
Gallon impérial. . . . = 4,54 345 794 lit.
Peck (2 gallons) . . . = 9,0 869 159 lit.
Bushel (8 gallons). . . =36,347 631 lit.
Sack (3 bushels). . . = 1,09 043 hect.
Quarter (8 bushels). . = 2,907 813 hect.
Chaldron (22 sacks). . =13,08 516 hect.

Françaises. *Anglaises.*

Litre. . . { . . . . . = 1,760 773 pint.
. . . . . = 0,2 200 967 gall.
Décalitre. . . . . . = 2,2 009 667 gall.
Hectolitre. . . . . =22,009 667 gall.

Calcul du nombre de jours compris entre deux époques.

Quantièmes.	Janvier.	Février	Mars	Avril.	Mai.	Juin.	Juillet.	Août.	Septemb.	Octobre.	Novemb.	Décemb.
1	1	32	60	91	121	152	182	213	244	274	305	335
2	2	33	61	92	122	153	183	214	245	275	306	336
3	3	34	62	93	123	154	184	215	246	276	307	337
4	4	35	63	94	124	155	185	216	247	277	308	338
5	5	36	64	95	125	156	186	217	248	278	309	339
6	6	37	65	96	126	157	187	218	249	279	310	340
7	7	38	66	97	127	158	188	219	250	280	311	341
8	8	39	67	98	128	159	189	220	251	281	312	342
9	9	40	68	99	129	160	190	221	252	282	313	343
10	10	41	69	100	130	161	191	222	253	283	314	344
11	11	42	70	101	131	162	192	223	254	284	315	345
12	12	43	71	102	132	163	193	224	255	285	316	346
13	13	44	72	103	133	164	194	225	256	286	317	347
14	14	45	73	104	134	165	195	226	257	287	318	348
15	15	46	74	105	135	166	196	227	258	288	319	349
16	16	47	75	106	136	167	197	228	259	289	320	350
17	17	48	76	107	137	168	198	229	260	290	321	351
18	18	49	77	108	138	169	199	230	261	291	322	352
19	19	50	78	109	139	170	200	231	262	292	323	353
20	20	51	79	110	140	171	201	232	263	293	324	354
21	21	52	80	111	141	172	202	233	264	294	325	355
22	22	53	81	112	142	173	203	234	265	295	326	356
23	23	54	82	113	143	174	204	235	266	296	327	357
24	24	55	83	114	144	175	205	236	267	297	328	358
25	25	56	84	115	145	176	206	237	268	298	329	359
26	26	57	85	116	146	177	207	238	269	299	330	360
27	27	58	86	117	147	178	208	239	270	300	331	361
28	28	59	87	118	148	179	209	240	271	301	332	362
29	29	(1)0	88	119	149	180	210	241	272	302	333	363
30	30	0	89	120	150	181	211	242	273	303	334	364
31	31	0	90	0	151	0	212	243	0	304	0	365

(1) Les années bissextiles (de 366 jours) donnent un 29e jour au mois de février; le 1er mars devient alors 61, et tous les autres jours à la suite doivent être augmentés d'une unité.

Diviseurs fixes servant au calcul des intérêts.

TAUX de l'intérêt par 100.	DIVISEURS fixes par année de 360 jours.	365 jours.	TAUX de l'intérêt par 100.	DIVISEURS fixes par année de 360 jours.	365 jours.	TAUX de l'intérêt par 100.	DIVISEURS fixes par année de 360 jours.	365 jours.
			4	9 000	9 125	8	4 500	4 562
1/8	288 000	292 000	4 1/8	8 727	8 848	8 1/8	4 430	4 492
1/4	144 000	146 000	4 1/4	8 470	8 588	8 1/4	4 363	4 424
3/8	96 000	97 333	4 3/8	8 228	8 343	8 3/8	4 298	4 358
1/2	72 000	73 000	4 1/2	8 000	8 111	8 1/2	4 235	4 294
5/8	57 600	58 400	4 5/8	7 784	7 892	8 5/8	4 173	4 232
3/4	48 000	48 667	4 3/4	7 578	7 684	8 3/4	4 114	4 171
7/8	41 143	41 714	4 7/8	7 384	7 487	8 7/8	4 056	4 113
1	36 000	36 500	5	7 200	7 300	9	4 000	4 056
1 1/8	32 000	32 444	5 1/8	7 024	7 122	9 1/8	3 945	4 000
1 1/4	28 800	29 200	5 1/4	6 857	6 952	9 1/4	3 892	3 946
1 3/8	26 182	26 545	5 3/8	6 697	6 791	9 3/8	3 840	3 893
1 1/2	24 000	24 333	5 1/2	6 545	6 636	9 1/2	3 789	3 842
1 5/8	22 154	22 462	5 5/8	6 400	6 489	9 5/8	3 740	3 792
1 3/4	20 571	20 857	5 3/4	6 260	6 348	9 3/4	3 692	3 744
1 7/8	19 200	19 467	5 7/8	6 128	6 213	9 7/8	3 645	3 696
2	18 000	18 250	6	6 000	6 083	10	3 600	3 650
2 1/8	16 941	17 176	6 1/8	6 877	6 213	10 1/8	3 556	3 595
2 1/4	16 000	16 222	6 1/4	5 760	5 840	10 1/4	3 512	3 561
2 3/8	15 157	15 368	6 3/8	5 647	5 725	10 3/8	3 470	3 518
2 1/2	14 400	14 600	6 1/2	5 538	5 615	10 1/2	3 439	3 476
2 5/8	13 714	13 905	6 5/8	5 433	5 509	10 5/8	3 388	3 435
2 3/4	13 090	13 272	6 3/4	5 333	5 407	10 3/4	3 349	3 395
2 7/8	12 522	12 696	6 7/8	5 236	5 309	10 7/8	3 310	3 356
3	12 000	12 167	7	5 142	5 214	11	3 273	3 309
3 1/8	11 520	11 680	7 1/8	5 053	5 123	11 1/8	3 236	3 281
3 1/4	11 077	11 231	7 1/4	4 965	4 932	11 1/4	3 200	3 244
3 3/8	10 667	10 815	7 3/8	4 881	5 134	11 3/8	3 165	3 209
3 1/2	10 286	10 429	7 1/2	4 800	4 867	11 1/2	3 130	3 174
3 5/8	9 931	10 069	7 5/8	4 721	4 787	11 5/8	3 097	3 141
3 3/4	9 600	9 733	7 3/4	4 645	4 710	11 3/4	3 064	3 106
3 7/8	9 290	9 419	7 7/8	4 571	4 635	11 7/8	3 032	3 074
						12	3 000	3 042

Montant d'une somme connue à recevoir ou à dépenser par heure, par jour, par semaine, par mois et par année.

Par heure.	Par jour de 10 heures.	Par semaine de 6 jours.	Par an de 52 semaines	Par jour de 10 heures.	Par semaine de 6 jours.	Par mois de 30 jours.	Par an de 12 mois.
f. c.	f. c.	f. c.	f. c.	f. c.	f. c.	f. c.	f. c.
0 22	2 20	13 20	686 40	10 00	60 00	300 00	3.600 00
0 24	2 40	14 40	748 80	12 00	72 00	360 00	4.320 00
0 25	2 50	15 00	780 00	15 00	90 00	450 00	5.400 00
0 50	5 00	30 00	1.560 00	25 00	150 00	750 00	9.000 00
0 60	6 00	36 00	1.872 00	30 00	180 00	900 00	10.800 00
0 63	6 30	37 80	1.965 60	36 00	216 00	1.080 00	12.960 00
0 69	6 90	41 40	2.152 80	45 00	270 00	1.350 00	16.200 00
0 73	7 30	43 80	2.277 60	54 00	324 00	1.620 00	19.440 00
0 86	8 60	51 60	2.683 00	63 00	378 00	1.890 00	22.680 00
0 90	9 00	54 00	2.808 00	72 00	432 00	2.160 00	25.920 00

*Nombre d'années nécessaires pour l'amortissement **d'un** capital, suivant que l'on fait varier la dotation **an**nuelle et le taux de l'intérêt.*

Table étendue par E. Lorentz.

DOTATIONS exprimées en 100es du capital.	TAUX DE L'INTÉRÊT PAR ANNÉE, pour 100 francs.				
	5	4 1/2	4	3 1/2	3
	ans	ans	ans	ans	ans
0 04	99 1	107 5	117 7	130 3	146 5
0 05	94 6	102 2	112 0	123 9	139 1
0 10	80 6	87 0	94 7	104 2	116 2
0 15	72 5	78 0	84 6	92 8	103 0
0 1/5	66 8	71 7	77 6	84 8	93 8
0 1/4	62 4	66 9	72 2	78 7	86 8
0 1/2	49 1	52 3	56 0	60 4	65 8
0 3/4	41 7	44 2	47 1	50 4	54 4
1 0	36 7	38 7	41 0	43 7	46 9
1 1/4	33 0	34 7	36 6	38 8	41 4
1 1/2	30 1	31 5	33 1	35 0	37 2
1 3/4	27 7	28 9	30 3	31 9	33 8
2 0	25 7	26 8	28 0	29 4	31 0
2 1/4	24 0	24 9	26 0	27 3	28 6
2 1/2	22 5	23 4	24 4	25 4	26 7
2 3/4	21 2	22 0	22 9	23 8	25 0
3 0	20 1	20 8	21 6	22 5	23 4
3 1/4	19 1	19 7	20 4	21 3	22 1
3 1/2	18 2	18 8	19 4	20 1	20 9
3 3/4	17 4	17 9	18 5	19 1	19 9
4 0	16 6	17 1	17 7	18 3	18 9
4 1/4	15 9	16 4	16 9	17 4	18 1
4 1/2	15 3	15 7	16 2	16 8	17 3
4 3/4	14 7	15 2	15 6	16 1	16 6
5 0	14 2	14 6	15 0	15 4	15 9
5 1/4	13 7	14 1	14 4	14 8	15 3
5 1/2	13 25	13 6	13 9	14 3	14 7
5 3/4	12 8	13 1	13 5	13 8	14 2
6 0	12 4	12 7	13 0	13 35	13 7
6 1/4	12 0	12 3	12 6	12 9	13 3
6 1/2	11 7	11 9	12 2	12 5	12 8
6 3/4	11 4	11 6	11 9	12 1	12 4
7 0	11 0	11 3	11 5	11 8	12 1
7 1/4	10 75	11 0	11 2	11 45	11 7

Etendues par E. Lorentz.

NOMBRE d'années. (n)	VALEURS successives de 1 fr., plus ses intérêts composés au taux de 5 pour 100. $((1.05)^n)$	RENTE annuelle nécessaire pour l'amortissement d'un capital de 100 f. dans un nombre donné d'années. $\left(\frac{5}{(1.05)^n-1}\right)$	VALEURS actuelles d'un capital de 1000 f., qui n'est réalisable que dans un nombre donné d'années. $\left(\frac{1.000}{(1.05)^n}\right)$	VALEURS ACTUELLES totales d'une rente annuelle de 1000 fr., payable pendant un certain nombre d'années.
	fr. c.	fr. c.	fr. c.	fr. c.
1	1 05 00	100 00 00	952 38 10	952 38 10
2	1 10 25	48 78 05	907 02 95	1.859 41 05
3	1 15 76	31 72 09	863 83 38	2.723 24 43
4	1 21 55	23 20 12	822 70 25	3.545 94 68
5	1 27 63	18 09 75	783 52 62	4.329 47 30
6	1 34 01	14 70 17	746 21 54	5.075 68 84
7	1 40 71	12 28 20	710 68 13	5.786 36 97
8	1 47 75	10 47 22	676 83 94	6.463 20 91
9	1 55 13	9 06 90	644 60 89	7.107 81 80
10	1 62 89	7 95 05	613 91 33	7.721 73 13
11	1 71 03	7 03 89	584 67 93	8.306 41 06
12	1 79 59	6 28 25	556 83 74	8.863 24 80
13	1 88 57	5 64 56	530 32 14	9.393 56 94
14	1 97 99	5 10 24	505 06 80	9.898 63 74
15	2 07 89	4 63 42	481 01 71	10.379 65 45
16	2 18 29	4 22 70	458 11 15	10.837 76 60
17	2 29 20	3 86 99	436 29 67	11.274 06 27
18	2 40 66	3 55 46	415 52 07	11.689 58 34
19	2 52 70	3 27 45	395 73 40	12.085 31 74
20	2 65 33	3 02 43	376 88 95	12.462 20 69
21	2 78 60	2 79 96	358 94 24	12.821 14 93
22	2 92 53	2 59 71	341 85 00	13.162 99 93
23	3 07 15	2 41 37	325 57 13	13.488 57 06
24	3 22 51	2 24 71	310 06 79	13.798 63 85
25	3 38 64	2 19 52	295 30 28	14.093 94 13
26	3 55 57	1 95 64	281 24 07	14.375 18 20
27	3 73 35	1 82 92	267 84 83	14 643 03 03
28	3 92 01	1 71 23	255 09 36	14.898 12 39
29	4 11 61	1 60 46	242 94 63	15.141 07 02
30	4 32 19	1 50 51	231 37 75	15.372 44 77
31	4 53 80	1 41 32	220 35 95	15.592 80 72
32	4 76 49	1 32 80	209 86 62	15.802 67 34
33	5 00 32	1 24 90	199 87 25	16.002 54 59
34	5 25 34	1 17 55	190 35 48	16.192 90 07
35	5 51 60	1 10 72	181 29 03	16.374 19 10
36	5 79 18	1 04 34	172 65 74	16.546 84 84
37	6 08 14	0 98 40	164 43 56	16.711 28 40
38	6 38 55	0 92 84	156 60 54	16.867 88 94
39	6 70 48	0 87 65	149 14 80	17.017 03 74
40	7 04 00	0 82 78	142 04 57	17.159 08 31

NOMBRE d'années. (n)	VALEURS successives de 1 fr., plus ses intérêts composés au taux de 5 pour 100. (1.05^n)	RENTE annuelle nécessaire pour l'amortissement d'un capital de 100 fr., dans un nombre donné d'années. $\left(\frac{5}{1.05^n - 1}\right)$	VALEURS actuelles d'un capital de 1000 f., qui n'est réalisable que dans un nombre donné d'années. $\left(\frac{1.000}{(1.05)^n}\right)$	VALEURS ACTUELLES totales d'une rente annuelle de 1000 fr., payable pendant un certain nombre d'années.
	fr. c.	fr. c.	fr. c.	fr. c.
41	7 39 20	0 78 22	135 28 16	17.294 36 47
42	7 76 16	0 73 95	128 83 96	17.423 20 43
43	8 14 97	0 69 93	122 70 44	17.545 90 87
44	8 55 72	0 66 16	116 86 13	17.662 77 00
45	8 98 50	0 62 62	111 29 65	17.774 06 65
46	9 43 43	0 59 28	105 99 67	17.880 06 32
47	9 90 60	0 56 14	100 94 92	17.981 01 24
48	10 40 13	0 53 18	96 14 21	18.077 15 45
49	10 92 13	0 50 40	91 56 39	18.168 71 84
50	11 46 74	0 47 77	87 20 37	18.255 92 21
51	12 04 08	0 45 18	83 05 12	18.338 97 33
52	12 64 28	0 42 93	79 09 64	18.418 06 97
53	13 27 50	0 40 73	75 32 99	18.493 39 96
54	13 93 87	0 38 64	71 74 27	18.565 14 25
55	14 63 56	0 36 67	68 32 64	18.643 46 87
56	15 36 74	0 34 72	65 07 28	18.698 54 15
57	16 13 58	0 33 03	61 97 41	18.760 51 56
58	16 94 26	0 31 36	59 02 29	18.819 53 85
59	17 78 97	0 29 78	56 21 23	18.875 75 08
60	18 67 92	0 28 28	53 53 55	18.929 28 63
61	19 61 31	0 26 86	50 98 63	18.980 27 26
62	20 59 38	0 25 52	48 55 83	19.028 83 09
63	21 62 35	0 24 24	46 24 60	19.075 07 69
64	22 70 47	0 23 03	44 04 38	19.119 12 07
65	23 83 99	0 21 89	41 94 65	19.161 06 72
66	25 03 19	0 20 81	39 91 91	19.201 01 63
67	26 28 35	0 19 78	38 04 67	19.239 06 30
68	27 59 77	0 18 80	36 23 50	19.275 29 80
69	28 97 75	0 17 87	34 50 95	19.399 80 75
70	30 42 74	0 16 99	32 86 62	19.342 67 37
71	31 94 77	0 16 16	31 30 11	19.373 97 48
72	33 54 51	0 15 36	29 81 06	19.403 78 54
73	35 22 24	0 14 61	28 39 10	19.432 17 64
74	36 98 35	0 13 90	27 03 91	19.459 21 55
75	38 83 27	0 13 22	25 75 15	19.484 96 70
76	40 77 43	0 12 57	24 52 53	19.509 49 23
77	42 81 30	0 11 96	23 35 74	19.532 84 97
78	44 95 37	0 11 38	22 24 51	19.555 09 48
79	47 20 13	0 10 82	21 18 58	19.576 28 06
80	49 56 14	0 10 30	20 17 70	19.596 45 76
81	52 03 95	0 09 61	19 21 61	19.615 67 37
82	54 64 15	0 09 15	18 30 11	19.633 97 48
83	57 37 36	0 08 87	17 42 96	19.651 40 44
84	60 24 22	0 08 44	16 59 97	19.668 00 41
85	63 25 44	0 08 03	15 80 92	19.683 81 33
86	66 41 71	0 07 64	15 05 64	19.698 86 97
87	69 73 79	0 07 27	14 33 94	19.713 20 91
88	73 22 48	0 06 92	13 65 66	19.726 86 57
89	76 88 69	0 06 59	13 00 63	19.739 87 20
90	80 73 04	0 06 27	12 38 69	19.752 25 89

NOMBRE d'années. (n)	VALEURS successives de 1 fr., plus ses intérêts composés au taux de 5 pour 100. (1.05^n)	RENTE annuelle nécessaire pour l'amortissement d'un capital de 100 fr., dans un nombre donné d'années. $\left(\frac{5}{1.05^n-1}\right)$	VALEURS actuelles d'un capital de 1000 f., qui n'est réalisable que dans un nombre donné d'années. $\left(\frac{1.000}{(1.05)^n}\right)$	VALEURS ACTUELLES totales d'une rente annuelle de 1000 fr., payable pendant un certain nombre d'années.
	fr. c.	fr. c.	fr. c.	fr. c.
91	84 76 69	0 05 97	11 79 71	19 761 05 60
92	89 00 52	0 05 68	11 23 53	19 775 29 13
93	93 45 55	0 05 41	10 70 03	19 785 99 16
94	98 12 83	0 05 15	10 19 08	19 796 18 24
95	103 03 47	0 04 90	9 70 55	19 805 88 79
96	108 18 64	0 04 67	9 24 33	19 815 13 12
97	113 59 57	0 04 44	8 80 32	19 823 93 44
98	119 27 55	0 04 23	8 38 40	19 832 31 84
99	125 23 93	0 04 03	7 98 47	19 840 30 31
100	131 50 13	0 03 83	7 60 45	19 847 90 76

Amortissement d'un capital de 100 *francs.*

Nombre d'années à l'expiration desquelles cette rente et ses intérêts composés à 5 % amortiront le capital.

(r) valeur de la rente annuelle; $\frac{\log.\left(\frac{5}{r}+1\right)}{\log.\ 1.05}$ valeur du nombre d'années.

Rente annuelle.	Nombre d'années.	Rente annuelle.	Nombre d'années.	Rente annuelle.	Nombre d'années.
francs.	années.	francs.	années.	francs.	années.
100 »	1.000	8 »	9.952	0 20	66.787
75 »	1.329	7 »	11.045	0 10	80.597
50 »	1.951	6 »	12.421	0 05	94.604
25 »	3.737	5 »	14.209	0 04	99.137
20 »	4.574	4 »	16.623	0 03	104.986
15 »	5.892	3 »	20.108	0 02	113.273
14 »	6.258	2 »	25.686	0 01	127.432
13 »	6.676	1 »	36.729	0 005	141.620
12 »	7.145	0 75	41.755	0 001	174.596
11 »	7.687	0 50	49.151	0 0001	221.792
10 »	8.311	0 33	56.834	0 00001	268.992
9 »	9.063	0 25	62.409		

Nombres ou diamètres, circonférences, surfaces, carrés, cubes, racines carrées, racines cubiques.

Nombres.	Circonférence.	Surface.	Carré.	Cube.	Racine carrée.	Racine cubique
1	3,14	0,78	1	1	1,000	1,000
2	6,28	3,14	4	8	1,414	1,259
3	9,42	7,07	9	27	1,732	1,442
4	12,57	12,57	16	64	2,000	1,587
5	15,71	19,63	25	125	2,236	1,709
6	18,85	28,27	36	216	2,449	1,817
7	21,99	38,48	49	343	2,645	1,912
8	25,13	50,26	64	512	2,828	2,000
9	28,27	63,61	81	729	3,000	2,080
10	31,41	78,54	100	1000	3,162	2,154
11	34,55	95,03	121	1331	3,316	2,223
12	37,69	113,09	144	1728	3,464	2,289
13	40,84	132,73	169	2197	3,605	2,351
14	43,98	153,93	196	2744	3,741	2,410
15	47,12	173,71	225	3375	3,872	2,466
16	50,26	201,06	256	4096	4,000	2,519
17	53,40	226,98	289	4913	4,123	2,571
18	56,54	254,46	324	5832	4,242	2,620
19	59,69	283,52	361	6859	4,358	2,668
20	62,83	314,15	400	8000	4,472	2,714
21	65,97	346,36	441	9261	4,582	2,758
22	69,11	380,13	484	10648	4,690	2,802
23	72,25	415,47	529	12167	4,795	2,843
24	75,39	452,38	576	13824	4,898	2,884
25	78,54	490,87	625	15625	5,000	2,924
26	81,68	530,02	676	17576	5,099	2,962
27	84,82	572,55	729	19683	5,196	3,000
28	87,96	615,75	784	21952	5,291	3,036
29	91,10	660,52	841	24389	5,385	3,072
30	94,24	706,85	900	27000	5,477	3,107
31	97,38	754,76	961	29791	5,567	3,141
32	100,53	804,24	1024	32768	5,656	3,174
33	103,67	855,29	1089	35937	5,744	3,207
34	106,81	907,92	1156	39304	5,830	3,239
35	109,95	962,11	1225	42875	5,916	3,271
36	113,09	1017,87	1296	46656	6,000	3,301
37	116,23	1075,21	1369	50653	6,082	3,332
38	119,38	1134,11	1444	54872	6,164	3,361

Nombres.	Circonférence.	Surface.	Carré.	Cube	Racine carrée.	Racine cubique
39	122,52	1194,59	1521	59319	6,244	3,391
40	125,66	1256,63	1600	64000	6,324	3,419
41	128,80	1320,25	1681	68921	6,403	3,448
42	131,94	1385,44	1764	74088	6,480	3,476
43	135,08	1452,20	1849	79507	6,557	3,503
44	138,23	1520,52	1936	85184	6,633	3,530
45	141,37	1590,43	2025	91125	6,708	3,556
46	144,51	1661,90	2116	97336	6,782	3,583
47	147,65	1734,94	2209	103823	6,855	3,608
48	150,79	1809,55	2304	110592	6,928	3,634
49	153,93	1885,74	2401	117649	7,000	3,659
50	157,08	1963,49	2500	125000	7,071	3,684
51	160,22	2042,82	2601	132651	7,141	3,708
52	163,36	2123,71	2704	140608	7,211	3,732
53	166,50	2206,18	2809	148877	7,280	3,756
54	169,64	2290,21	2916	157464	7,348	3,779
55	172,78	2375,82	3025	166375	7,416	3,802
56	175,92	2463,09	3136	175616	7,483	3,825
57	179,07	2551,75	3249	185193	7,549	3,848
58	182,21	2642,08	3364	195112	7,615	3,870
59	185,35	2733,97	3481	205379	7,681	3,892
60	188,49	2827,43	3600	216000	7,745	3,914
61	191,63	2922,46	3721	226981	7,810	3,936
62	194,77	3019,07	3844	238328	7,874	3,957
63	197,92	3117,24	3969	250047	7,937	3,979
64	201,06	3216,99	4096	262144	8,000	4,000
65	204,20	3318,30	4225	274625	8,062	4,020
66	207,34	3421,18	4356	287496	8,124	4,041
67	210,48	3525,65	4489	300763	8,185	4,061
68	213,62	3631,68	4624	314432	8,246	4,081
69	216,77	3739,28	4761	328509	8,306	4,101
70	219,91	3848,45	4900	343000	8,366	4,121
71	223,05	3959,19	5041	357911	8,426	4,140
72	226,19	4071,50	5184	373248	8,485	4,160
73	229,33	4185,38	5329	389017	8,544	4,179
74	232,47	4300,84	5476	405224	8,602	4,198
75	235,61	4417,86	5625	421875	8,660	4,217
76	238,76	4536,45	5776	438976	8,717	4,235
77	241,90	4656,62	5929	456533	8,744	4,254
78	245,04	4778,36	6084	474552	8,831	4,272
79	248,18	4901,66	6241	493039	8,888	4,290
80	251,32	5026,54	6400	512000	8,944	4,308

Nombres.	Circonférence.	Surface.	Carré.	Cube.	Racine carrée.	Racine cubique
81	254,46	5153,00	6561	531441	9,000	4,326
82	257,61	5281,01	6724	551368	9,055	4,344
83	260,75	5410,59	6889	571787	9,110	4,362
84	263,89	5541,77	7056	592704	9,165	4,379
85	267,03	5674,50	7225	614125	9,219	4,396
86	270,17	5808,80	7396	636056	9,273	4,414
87	273,31	5944,67	7569	658503	9,327	4,431
88	276,46	6082,11	7744	681472	9,380	4,447
89	279,60	6221,13	7921	704969	9,433	4,461
90	282,74	6361,72	8100	729000	9,486	4,481
91	285,88	6503,87	8281	753571	9,539	4,497
92	289,02	6647,61	8464	778688	9,591	4,514
93	292,16	6792,90	8649	804357	9,643	4,530
94	295,31	6939,78	8836	830584	9,695	4,546
95	298,45	7088,21	9025	857375	9,746	4,562
96	301,59	7238,23	9216	884736	9,797	4,578
97	304,73	7389,81	9409	912673	9,848	4,594
98	307,87	7542,96	9604	941192	9,899	4,610
99	311,01	7697,68	9801	970299	9,949	4,626
100	314,15	7853,97	10000	1000000	10,000	4,641
101	317,30	8011,86	10201	1030301	10,049	4,657
102	320,41	8171,30	10404	1061208	10,099	4,672
103	323,58	8332,30	10609	1092727	10,148	4,687
104	326,72	8494,88	10816	1124864	10,198	4,702
105	329,86	8659,03	11025	1157625	10,246	4,717
106	333,00	8824,75	11236	1191016	10,295	4,732
107	336,15	8992,04	11449	1225043	10,344	4,747
108	339,29	9160,90	11664	1259712	10,392	4,762
109	342,43	9331,33	11881	1295029	10,440	4,776
110	345,57	9503,34	12100	1331000	10,488	4,791
111	348,71	9676,91	12321	1367631	10,535	4,805
112	351,85	9852,05	12544	1404928	10,583	4,820
113	355,01	10028,77	12769	1442897	10,630	4,834
114	358,14	10207,05	12996	1481544	10,677	4,848
115	361,28	10386,91	13225	1520875	10,723	4,862
116	364,42	10568,34	13456	1560896	10,770	4,876
117	367,56	10751,34	13689	1601613	10,816	4,890
118	370,70	10935,90	13924	1643032	10,862	4,904
119	373,81	11122,04	14161	1685159	10,908	4,918
120	376,99	11309,76	14400	1728000	10,954	4,932
121	380,13	11499,04	14641	1771561	11,000	4,946
122	388,27	11689,89	14884	1815848	11,045	4,959

Nombres.	Circonférence.	Surface.	Carré.	Cube.	Racine carrée.	Racine cubique
123	386.41	11882,31	15129	1860867	11,090	4,973
124	389,55	12076,31	15376	1906624	11,135	4,986
125	392,70	12271,87	15625	1953125	11,180	5,000
126	395.84	12469,01	15876	2000376	11,224	5.013
127	398,98	12667.71	16129	2048383	11,269	5,026
128	402,12	12867,99	16384	2097152	11,313	5,039
129	405,26	13069,84	16641	2146689	11.357	5,052
130	408,40	13273,26	16900	2197000	11.401	5.065
131	411,54	13478,24	17161	2248091	11.445	5,078
132	414,69	13694,80	17424	2299968	11,489	5,091
133	417,83	13892,94	17689	2352637	11.532	5,104
134	420,97	14102,64	17956	2406104	11,575	5,117
135	424,11	14313,91	18225	2460375	11,618	5,129
136	427,25	14526,75	18496	2515456	11,661	5,142
137	430,39	14741,17	18769	2571353	11,704	5,155
138	433,54	14957,15	19044	2620872	11,747	5,167
139	436,68	15174,71	19321	2685619	11,789	5,180
140	439,82	15393,84	19600	2744000	11,832	5,192
141	442,96	15614,53	19881	2803221	11.874	5,204
142	446,10	15836,80	20164	2863288	11,916	5,217
143	449,24	16060,64	20449	2924207	11,958	5,229
144	452,39	16286,05	20736	2985984	12,000	5,241
145	455,53	16513,03	21025	3048625	12,041	5,253
146	458,67	16741,58	21316	3112136	12,083	5,265
147	461,81	16971,70	21609	3176523	12,124	5,277
148	464,95	17203,40	21904	3241792	12,165	5,289
149	468,09	17436,66	22201	3307949	12,206	5,301
150	471,24	17671,50	22500	3375000	12,247	5,313
151	474.38	17907,90	22801	3442951	12.288	5,325
152	477,52	18145,88	23104	3511808	12,328	5,336
153	480,66	18385,42	23409	3581577	12,369	5,348
154	483,80	18626,54	23716	3652264	12,409	5,360
155	486,94	18869,23	24025	3723875	12,449	5,371
156	490,08	19113,49	24336	3796416	12,489	5,383
157	493,23	19359,32	24649	3869893	12,529	5,394
158	496,37	19606,72	24964	3944312	12,569	5,406
159	499,51	19855,69	25281	4019679	12,609	5,417
160	502,65	20106,24	25600	4096000	12,649	5,428
161	505,79	20358,35	25921	4173281	12,688	5,440
162	508,93	20612,03	26244	4251528	12,727	5,451
163	512,08	20867,20	26569	4330747	12,767	5,462
164	515,22	21124,11	26896	4410944	12,806	5,473

Nombres.	Circonférence.	Surface.	Carré.	Cube.	Racine carrée.	Racine cubique
165	518,36	21382,51	27225	4492125	12,845	5,484
166	521,50	21642,48	27556	4574296	12,884	5,495
167	524,64	21904,02	27889	4657463	12,922	5,506
168	527,78	22167,12	28224	4741632	12,961	5,517
169	530,93	22431,80	28561	4826809	13,000	5,528
170	534.07	22698.06	28900	4913000	13.038	5.539
171	537,31	22965,88	29241	5000211	13,076	5,550
172	540,35	23235,27	29584	5088448	13,114	5,561
173	543,49	23506,23	29929	5177717	13,152	5,572
174	546,03	23778,77	30276	5268024	13,190	5,582
175	549,78	24052,87	30625	5359375	13,228	5,593
176	552,92	24328,55	30976	5451776	13,266	5,604
177	556,06	24605,79	31329	5545233	13,304	5,614
178	559,20	24884,61	31684	5639752	13,341	5,625
179	562,34	25165,00	32041	5735339	13,379	5,635
180	565,48	25446,96	32400	5832000	13,416	5,646
181	568,62	25730,48	32761	5929741	13,453	5,656
182	571,77	26015,58	33124	6028568	13,490	5,667
183	574,91	26302,26	33489	6128487	13,527	5,677
184	576,05	26590,50	33856	6229504	13,564	5,687
185	581,19	26880,31	34225	6331625	13,601	5,698
186	584,33	27171,69	34596	6434856	13,638	5,708
187	587,47	27464,65	34969	6539203	13,674	5,718
188	590,62	27759,17	35344	6644672	13,711	5,728
189	593,76	28055,27	35721	6751269	13,747	5,738
190	596,90	28352,94	36100	6859000	13,784	5,748
191	600,04	28652,17	36481	6967871	13,820	5,758
192	603,18	28952,98	36864	7077888	13,856	5,768
193	606,32	29255,36	37249	7189057	13,892	5,778
194	609,47	29559,31	37636	7301384	13,928	5,788
195	612,61	29864,83	38025	7414875	13,964	5,798
196	615,75	30171,92	38416	7529536	14,000	5,808
197	618,89	30480,60	38809	7645373	14,035	5,818
198	622,03	30790,82	39204	7762392	14,071	5,828
199	625,17	31102,52	39601	7880599	14,106	5,838
200	628.32	31416.00	40000	8000000	14.142	5.848
201	631,46	31730,94	40401	8120601	14,177	5,857
202	634,60	32047,46	40804	8242408	14,212	5,867
203	637,74	32365,54	41209	8365427	14,247	5,877
204	640,88	32685,20	41616	8489664	14,282	5,886
205	644,02	33006,43	42025	8615125	14,317	5,896
206	647,16	33329,23	42436	8741816	14,352	5,905

Nombres.	Circonférence.	Surface.	Carré.	Cube.	Racine carrée.	Racine cubique.
207	650,31	33653,60	42849	8869743	14,387	5,915
208	653,45	33979,54	43264	8998912	14,422	5,924
209	656,59	34307,05	43681	9123329	14,456	5,934
210	659 73	34636,14	44100	9261000	14,491	5.943
211	662,87	34966,79	44521	9393931	14,525	5,953
212	666,01	35299,01	44944	9528128	14,560	5,962
213	669,16	35632,81	45369	9663597	14,594	5,972
214	672,30	35968,17	45796	9800344	14,628	5,981
215	675,44	36305,11	46225	9938375	14,662	5,990
216	678,58	36643,62	46656	10077696	14,696	6,000
217	681,72	36983,70	47089	10218313	14,730	6,009
218	684,86	37325,34	47524	10360232	14,764	6,018
219	688,01	37668,56	47961	10503459	14,798	6,027
220	691,15	38013,36	48400	10648000	14,832	6,036
221	594,29	38359,72	48841	10793861	14,866	6,045
222	697,43	38707,65	49284	10941048	14,899	6,055
223	700,57	39057,51	49729	11089567	14,933	6,064
224	703,71	39408,23	50176	11239424	14,966	6,073
225	706,86	39760,87	50625	11390625	15,000	6,082
226	710,00	40115,09	51076	11543176	15,033	6,091
227	713,14	40470,87	51529	11697083	15,066	6,100
228	716,28	40828,23	51984	11852352	15,099	6,109
229	719,42	41187,16	52441	12008989	15,132	6,118
230	722,56	41547,66	52900	12167000	15,165	6,126
231	725,70	41909,72	53361	12326391	15,198	6,135
232	728,85	42273,36	53824	12487168	15,231	6,144
233	731,99	42638,58	54289	12649337	15,264	6,153
234	735,13	43005,36	54756	12812904	15,297	6,162
235	738,27	43373,71	55225	12977875	15,329	6,171
236	741,41	43743,63	55696	13144256	15,362	6,179
237	744,55	44115,11	56169	13312053	15,394	6,188
238	747,68	44488,19	56644	13481272	15,427	6,197
239	750,88	44862,83	57121	13651919	15,459	6,205
240	753,98	45239,04	57600	13824000	15,491	6,214
241	757,12	45616,81	58081	13997521	15,524	6,223
242	760,26	45996,16	58564	14172488	15,556	6,231
243	763,40	46377,08	59049	14348907	15,588	6,240
244	766,52	46759,57	59536	14526784	15,620	6,248
245	769,92	47143,63	60025	14706125	15,652	6,257
246	772,83	47529,26	60516	14886936	15,684	6,265
247	775,97	47916,46	61009	15069223	15,716	6,274
248	779,11	48305,24	61504	15252992	15,748	6,282

Nombres.	Circonférence.	Surface.	Carré.	Cube.	Racine carrée.	Racine cubique
249	782,25	48695,58	62001	15438249	15,779	6,291
250	785.40	49087,50	62500	15625000	15,811	6,299
251	788,54	49480,98	63001	15813251	15,842	6,307
252	791,68	49876,04	63504	16003008	15,874	6,316
253	794,82	50272,66	64009	16194277	15,905	6,324
254	797,96	50670,86	64516	16387064	15,937	6,333
255	808,10	51070,63	65025	16581375	15,968	6,341
256	804,24	51471,96	65536	16777216	16,000	6,349
257	807,39	51874,88	66049	16974593	16,031	6,357
258	810,53	52279,36	66564	17173512	16,062	6,366
259	813,67	52685,41	67081	17373979	16,093	6,374
260	816,81	53093,04	67600	17576000	16,124	6,382
261	819,97	53502,23	68121	17779581	16,155	6,390
262	823,09	53912,99	68644	17984728	16,186	6,398
263	826,24	54325,33	69169	18191447	16,217	6,406
264	829,38	54739,23	69696	18399744	16,248	6,415
265	832,52	55154,71	70225	18609625	16,278	6.423
266	835,66	55571,76	70756	18821096	16.309	6,431
267	838,80	55990,38	71289	19034163	16,340	6.439
268	841,94	56410,56	71824	19248832	16,370	6,447
269	845,09	56832,32	72361	19465109	16,401	6,455
270	848.23	57255,66	72900	19683000	16,431	6,463
271	851,37	57680,56	73441	19902511	16,462	6,471
272	854,51	58107,03	73984	20123648	16,492	6,479
273	857.65	58535,07	74529	20346417	16,522	6,487
274	860.79	58964.69	75076	20570824	16,552	6,495
275	863,94	59393,87	75625	20796875	16,583	6,502
276	867,08	59828,63	76176	21024576	16,613	6,510
277	870.22	60262,95	76729	21253933	16,643	6,518
278	873,36	60698,85	77284	21484952	16.673	6,526
279	876.50	61136,32	77841	21717639	16,703	6,534
280	879,64	61573,36	78400	21952000	16,733	6,542
281	882,78	62015,96	7·961	22188041	16.763	6.549
282	885,93	62458,14	79524	22425768	16.792	6,557
283	889,07	62901,90	80089	22665187	16.822	6,565
284	892,21	63347,22	80656	22906304	16,852	6,573
285	895.35	63794,11	81225	23149125	16,881	6,580
286	898.49	64242,57	81796	23393656	16.911	6,588
287	901,63	64692.61	82369	23639903	16,941	6,596
288	904,78	65144,21	82944	23887872	16,970	6,603
289	907.92	65597,39	83521	24137569	17,000	6,611
290	911,06	66052 44	84100	24389000	17,029	6,619

Nombres.	Circonférence.	Surface.	Carré.	Cube.	Racine carrée.	Racine cubique
291	914,20	66508,45	84681	24642171	17,059	6,627
292	917,34	66966,34	85264	24897088	17,088	6,634
293	920,48	67425,80	85849	25153757	17,117	6,642
294	923,63	67886,83	86436	25412184	17,146	6,649
295	926,77	68349,43	87025	25672375	17,176	6,657
296	929,91	68813,60	87616	25934336	17,205	6,664
297	933,05	69279,34	88209	26198073	17,234	6,672
298	936,19	69746,66	88804	26463592	17,263	6,679
299	939,33	70215,54	89401	26730899	17,292	6,687
300	942,48	70686,00	90000	27000000	17,320	6,694
301	945,62	71158,02	90601	27270901	17,349	6,702
302	948,76	71631,62	91204	27543608	17,378	6,709
303	951,90	72106,78	91809	27818127	17,407	6,717
304	955,04	72583,52	92416	28094464	17,436	6,724
305	958,18	73061,83	93025	28372625	17,464	6,731
306	961,32	73541,71	93636	28652616	17,493	6,739
307	964,47	74023,16	94249	28934443	17,521	6,746
308	967,61	74506,18	94864	29218112	17,549	6,753
309	970,75	74990,77	95481	29503629	17,578	6,761
310	973,89	75476,94	96100	29791000	17,607	6,768
311	977,03	75964,67	96721	30080231	17,635	6,775
312	980,17	76453,93	97344	30371328	17,663	6,782
313	983,32	76944,85	97969	30664297	17,692	6,789
314	986,45	77437,29	98596	30959144	17,720	6,797
315	989,60	77931,31	99225	31255875	17,748	6,804
316	992,74	78426,89	99856	31554496	17,776	6,811
317	995,88	78924,06	100489	31855013	17,804	6,818
318	999,02	79422,78	101124	32157432	17,832	6,826
319	1002,17	79923,08	101761	32461759	17,860	6,833
320	1005,31	80424,96	102400	32768000	17,888	6,839
321	1008,45	80928,40	103041	33076161	17,916	6,847
322	1011,59	81433,41	103684	33386248	17,944	6,854
323	1014,73	81939,99	104329	33698267	17,972	6,861
324	1017,47	82448,15	104976	34012224	18,000	6,868
325	1021,02	82957,87	105625	34328125	18,028	6,875
326	1024,16	83469,17	106276	34645976	18,055	6,882
327	1027,30	83982,60	106929	34965783	18,083	6,880
328	1030,44	84496,47	107584	35287552	18,111	6,896
329	1033,58	85012,48	108241	35611289	18,138	6,903
330	1036,72	85530,06	108900	35937000	18,166	6,910
331	1039,86	86049,20	109561	36264691	18,193	6,917
332	1043,01	86569,92	110224	36594368	18,221	6,924

Nombres.	Circonférence.	Surface.	Carré.	Cube.	Racine carrée.	Racine cubique
333	1046,15	87092,22	110889	36926037	18,248	6,931
334	1049,29	87616,08	111556	37259704	18,276	6,938
335	1052,43	88141,51	112225	37595375	18,303	6,945
336	1055,57	88668,51	112896	37933056	18,330	6,952
337	1058,71	89197,09	113569	38272753	18,357	6,959
338	1061,86	89727,23	114244	38614472	18,385	6,966
339	1065,02	90258,95	114921	38958219	18,412	6,973
340	1068,14	90792,24	115600	39304000	18,439	6,979
341	1071,28	91327,09	116281	39651821	18,466	6,986
342	1074,27	91863,52	116964	40001688	18,493	6,993
343	1077,56	92401,15	117649	40353607	18,520	7,000
344	1080,71	92941,09	118336	40707584	18,547	7,007
345	1083,85	93482,23	119025	41063625	18,574	7,014
346	1086,99	94024,94	119716	41421736	18,601	7,020
347	1090,35	94569,22	120409	41781923	18,628	7,027
348	1093,07	95115,08	121104	42144192	18,655	7,034
349	1096,41	95662,50	121801	42508549	18,681	7,040
350	1099,56	96211,50	122500	42875000	18,708	7,047
351	1102,70	96762,06	123201	43243551	18,735	7,054
352	1105,84	97314,20	123904	43614208	18,762	7,061
353	1108,98	97867,90	124609	43986977	18,788	7,067
354	1112,62	98423,18	125316	44361864	18,815	7,074
355	1115,26	98980,03	126025	44738875	18,842	7,081
356	1118,40	99538,45	126736	45116016	18,868	7,087
357	1121,55	100098,43	127449	45499293	18,894	7,094
358	1124,69	100660,00	128164	45882712	18,921	7,101
359	1127,83	101223,13	128881	46268279	18,947	7,107
360	1130,97	101787,84	129600	46656000	18.974	7,114
361	1134,11	102354,11	130321	47045881	19,000	7,120
362	1137,25	102921,95	131044	47437928	19,026	7,127
363	1140,40	103491,31	131769	47832147	19,052	7,133
364	1143,54	104062,35	132496	48228544	19,079	7,140
365	1146,68	104634,91	133225	48627125	19,105	7,146
366	1149,82	105209,04	133956	49027896	19,131	7,153
367	1152,96	105784,74	134689	49430863	19,157	7,159
368	1156,10	106362,00	135424	49836032	19,183	7,166
369	1159,25	106940,84	136161	50243409	19,209	7,172
370	1162,39	107521,26	136900	50653000	19,235	7,179
371	1165,53	108103,22	137641	51064811	19,261	7,185
372	1168,67	108686,79	138384	51478848	19,287	7,192
373	1171,81	109271,91	139129	51895117	19,313	7,198
374	1174,95	109858,62	139876	52313624	19,339	7,205

Nombres.	Circonférence.	Surface.	Carré.	Cube.	Racine carrée.	Racine cubique
375	1178,10	110446,87	140625	52734375	19,365	7.211
376	1181,24	111036,71	141376	53157376	19,391	7,218
377	1184,38	111628,11	142129	53582633	19,416	7,224
378	1187,52	112221,09	142884	54010152	19,442	7.230
379	1190,66	112815,64	143641	54439939	19,468	7,237
380	1193,80	113411,76	144400	54872000	19.493	7,243
381	1196,94	114009,46	145161	55306341	19,519	7,249
382	1200,09	114608,70	145924	55742968	19,545	7,256
383	1203,23	115209,54	146689	56181887	19,570	7,262
384	1206,37	115811,94	147456	56623104	19,596	7,268
385	1209,51	116415,91	148225	57066625	19,621	7,275
386	1212,65	117021,45	148996	57512456	19,647	7,281
387	1215,79	117628,57	149769	57960603	19,672	7,287
388	1218,94	118237,25	150544	58411072	19,698	7,294
389	1222,08	118846,51	151321	58863869	19,723	7,299
390	1225.22	119453,94	152100	59319000	19.748	7,306
391	1228,36	120072,73	152881	59776471	19,774	7,312
392	1231,50	120687,70	153664	60236288	19,799	7,319
393	1234,64	121304,24	154449	60698457	19,824	7,325
394	1237,79	121922,43	155236	61162984	19,849	7,331
395	1240,93	122542,03	156025	61629875	19,875	7,337
396	1244,07	123163,28	156816	62099136	19,899	7,343
397	1247,21	123786,10	157609	62570773	19,925	7,349
398	1250,35	124412,10	158404	63044792	19,949	7,356
399	1253,49	125036,46	159201	63521199	19,975	7,362
400	1256,64	125664,00	160000	64000000	20,000	7,368
401	1259,78	126293,10	160801	64481201	20,025	7,374
402	1262,92	126923,88	161604	64964808	20,049	7,380
403	1266,06	127556,02	162409	65450827	20,075	7,386
404	1269,20	128189,84	163216	65939264	20,099	7,392
405	1272,34	128825,23	164025	66430125	20,125	7,399
406	1275,48	129462,19	164836	66923416	20,149	7,405
407	1278,63	130100,71	165649	67419143	20,174	7,411
408	1281.77	130740,82	166464	67911312	20,199	7,417
409	1284,91	131382,49	167281	68417929	20,224	7,422
410	1288,05	132025,74	168100	68921000	20,248	7,429
411	1291,19	132670,55	168921	69426531	20,273	7,434
412	1294,32	133316,93	169744	69934528	20,298	7,441
413	1297,48	133964,89	170569	70444997	20.322	7,447
414	1300,62	134614,41	171396	70957944	20,347	7,453
415	1303,76	135265,51	172225	71473375	20,371	7.459
416	1306,90	135918,18	173056	71991296	20,396	7,465

Nombres.	Circonférence.	Surface.	Carré.	Cube.	Racine carrée.	Racine cubique
417	1310,04	136572,42	173889	72511713	20,421	7,471
418	1313,18	137228,22	174724	73034632	20,445	7,477
419	1316,32	137885,69	175561	73560059	20,469	7,483
420	1319,47	138544,56	176400	74088000	20,494	7,489
421	1322,61	139205,08	177241	74618461	20,518	7,495
422	1325,75	139867,17	178084	75151448	20,543	7,501
423	1328,89	140530,83	178929	75686967	20,567	7,507
424	1332,03	141196,07	179776	76225024	20,591	7,513
425	1335,18	151862,87	180625	76765625	20,615	7,518
426	1338,32	142531,25	181476	77308776	20,639	7,524
427	1341,46	143201,19	182329	77854483	20,664	7,530
428	1344,60	143872,71	183184	78402752	20,688	7,536
429	1347,74	144545,80	184041	78953589	20,712	7,542
430	1550,88	145220,46	184900	79507000	20,736	7,548
431	1354,02	145696,68	185761	80062991	20,760	7,554
432	1357,17	146574,48	186624	80621568	20,785	7,559
433	1360,33	147253,85	187489	81182737	20,809	7,565
434	1363,45	147934,80	188356	81746504	20,833	7,571
435	1366,59	148617,31	189225	82312875	20,857	7,577
436	1369,73	149301,39	190096	82881856	20,881	7,583
437	1372,87	149987,05	190969	83453453	20,904	7,588
438	1376,02	150674,27	191844	84027672	20,928	7,594
439	1379,16	151362,87	192721	84604519	20,952	7,600
440	1382,30	152053,44	193600	85184000	20,976	7,606
441	1385,44	152745,37	194481	85766121	21,000	7,612
442	1388,58	153438,88	195364	86350388	21,024	7,617
443	1391,72	154133,96	196249	86938307	21,047	7,623
444	1394,87	154830,61	197136	87528384	21,071	7,629
445	1398,01	155528,83	198025	88121125	21,095	7,635
446	1401,15	156228,62	198916	88716536	21,119	7,640
447	1404,29	156929,98	199809	89314623	21,142	7,646
448	1407,43	157632,92	200704	89915392	21,166	7,652
449	1410,57	158337,42	201601	90518849	21,189	7,657
450	1413,72	159043,50	202500	91125000	21,213	7,663
451	1416,86	159751,14	203401	91733851	21,237	7,669
452	1420,00	160460,36	204304	92345408	21,260	7,674
453	1423,14	161171,44	205209	92959677	21,284	7,680
454	1426,28	161883,50	206106	93576664	21,307	7,686
455	1429,42	162597,43	207025	94196375	21,331	7,691
456	1432,56	163312,93	207936	94818816	21,354	7,697
457	1435,71	1[illegible]4030,20	208849	95443993	21,377	7,703
458	1438,85	164748,64	209764	96071912	21,401	7,708

Nombres.	Circonférence.	Surface.	Carré.	Cube.	Racine carrée.	Racine cubique
459	1441,99	165468,85	210681	96702579	21,424	7,714
460	1445,13	166190,64	211600	97336000	21,447	7,719
461	1448,27	166913,99	212521	97972181	21,471	7,725
462	1451,41	167638,91	213444	98611128	21,494	7,731
463	1454,56	168365,41	214369	99252847	21,517	7,736
464	1457,70	169093,47	215296	99897345	21,541	7,742
465	1460,84	169823,11	216225	100544625	21,564	7,747
466	1463,98	170554,32	217156	101194696	21,587	7,753
467	1467,12	171287,10	218089	101847563	21,610	7,758
468	1470,26	172021,44	219024	102503232	21,633	7,764
469	1473,41	172757,36	219961	103161709	21,656	7,769
470	1476,55	173494,86	220900	103823000	21,679	7,775
471	1479,69	174233,92	221841	104487111	21,702	7,780
472	1482,83	174974,55	222784	105154048	21,725	7,786
473	1485,97	175716,75	223729	105823817	21,749	7,791
474	1489,11	176460,45	224676	106496424	21,771	7,797
475	1492,26	177205,87	225625	107171875	21,794	7,802
476	1495,36	177952,79	226576	107850176	21,817	7,808
477	1498,54	178701,27	227529	108531333	21,840	7,813
478	1501,68	179451,33	228484	109215352	21,863	7,819
479	1504,82	180202,96	229441	109902239	21,886	7,824
480	1507,96	180956,16	230400	110592000	21,909	7,830
481	1511,10	181712,92	231361	111284641	21,932	7,835
482	1514,25	182467,26	232324	111980168	21,954	7,840
483	1517,39	183225,18	233289	112678587	21,977	7,846
484	1520,53	183984,66	234256	113379904	22,000	7,851
485	1523,67	184745,71	235225	114084125	22,023	7,857
486	1526,81	185508,33	236196	114791256	22,045	7,862
487	1529,95	186272,53	237169	115501303	22,069	7,868
488	1533,90	187038,29	238144	116214272	22,091	7,873
489	1536,24	187805,63	239121	116936169	22,113	7,878
490	1939,38	188574,54	240100	117649000	22,136	7,884
491	1542,52	189345,01	241081	118370771	22,158	7,889
492	1545,66	190117,06	242064	119095488	22,181	7,894
493	1548,80	190890,68	243049	119823157	22,204	7,899
494	1551,95	191665,87	244036	120553784	22,226	7,905
495	1555,09	192442,63	245025	121287375	22,248	7,910
496	1558,23	193220,96	246016	122023936	22,271	7,915
497	1561,37	194000,86	247009	122763473	22,293	7,921
498	1564,51	194782,34	248004	123505992	22,316	7,926
499	1567,55	195565,38	249001	124251499	22,338	7,932
500	1570,80	196350,00	250000	125000000	22,361	7,937

Nombres.	Circonférence.	Surface.	Carré.	Cube.	Racine carrée.	Racine cubique
501	1573,94	197136,18	251001	125751501	22,383	7,942
502	1577,08	197923,94	252004	126506008	22,405	7,947
503	1580,22	198713,26	253009	127263527	22,428	7,953
504	1583,36	199504,16	254016	128024864	22,449	7,958
505	1586,50	200296,63	255025	128787625	22,472	7,963
506	1589.64	201090,67	256036	129554216	22,494	7,969
507	1592,79	201886,28	257049	130323843	22,517	7,974
508	1595,93	202683,46	258064	131096512	22,539	7,979
509	1599,07	203487,70	259081	131872229	22,561	7,984
510	1602,21	204282,54	260100	132651000	22,583	7,989
511	1605,35	205084,43	261121	133432831	22,605	7,995
512	1608,49	205887,84	262144	134217728	22,627	8,000
513	1611,64	206692,93	263169	135005697	22,649	8,005
514	1614,78	207499,53	264196	135796744	22,671	8,010
515	1617,92	208307,71	265225	136590875	22,694	8,016
516	1621,06	209117,46	266256	137388096	22,716	8,021
517	1624,20	209928,78	267289	138188413	22,738	8,026
518	1627,34	210741,66	268324	138991832	22,759	8,031
519	1630,49	211556,12	269361	139798359	22,782	8,036
520	1633,63	212372,16	270400	140608000	22,803	8,041
521	1636,77	213189,76	271441	141420761	22,825	8,047
522	1639,93	214008,93	272484	142236648	22,847	8,052
523	1643,05	214829,67	273529	143055667	22,869	8,057
524	1646,19	215651,99	274576	143877824	22,891	8,062
525	1649,34	216475,87	275625	144703125	22,913	8,067
526	1652,48	217301,33	276676	145531576	22,935	8,072
527	1655,62	218128,35	277729	146363183	22,956	8,077
528	1658,76	218956,95	278784	147197952	22,978	8,082
529	1661,90	219787,12	279841	148035889	23,000	8,087
530	1665.04	220618,86	280900	148877000	23,022	8,093
531	1668,18	221452,16	281961	149721291	23,043	8,098
532	1671,33	222287,04	283024	150568768	23,065	8,103
533	1674,47	223123,50	284089	151419437	23,087	8,108
534	1677,61	223961,52	285156	152273304	23,108	8,113
535	1680,75	224801,11	286225	153130375	23,130	8,118
536	1683,80	225642,27	287296	153990656	23,152	8,123
537	1687,04	226487,01	288369	154854153	23,173	8,128
538	1690,18	227329,31	289444	155720872	23,195	8,133
539	1693,32	228175,19	290521	156590819	23,216	8,138
540	1696,46	229022,64	291600	157464000	23,238	8.143
541	1699,60	229871,65	292681	158340421	23,259	8,148
542	1702,74	230722,24	293764	159220088	23,281	8.153

Nombres.	Circonférence.	Surface.	Carré.	Cube.	Racine carrée.	Racine cubique
543	1705,88	231574,40	294849	160103007	23,302	8,158
544	1709,03	232428,13	295936	160989184	23,324	8,163
545	1712,17	233283,43	297025	161878625	23,345	8,168
546	1715,31	234140,30	298116	162771336	23,367	8,173
547	1718,45	234998,74	299209	163667323	23,388	8,178
548	1721,59	235858,76	300304	164566592	23,409	8,183
549	1724,73	236720,34	301401	165469149	23,431	8,188
550	1727,88	237583,50	302500	166375000	23,452	8,193
551	1731,02	238448,22	303601	167284151	23,473	8,198
552	1734,16	239314,52	304704	168196608	23,495	8,203
553	1737,30	240182,38	305809	169112377	23,516	8,208
554	1740,44	241051,82	306916	170031464	23,537	8,213
555	1743,58	241922,83	308025	170953875	23,558	8,218
556	1746,72	242795,41	309136	171879616	23,579	8,223
557	1749,77	243669,56	310249	172808693	23,601	8,228
558	1753,09	244545,28	311364	173741112	23,622	8,233
559	1756,15	245422,57	312481	174676879	23,643	8,238
560	1759,29	246301,44	313600	175616000	23,664	8,242
561	1762,43	247181,87	314721	176558481	23,685	8,247
562	1765,57	248063,87	315844	177504328	23,706	8,252
563	1768,72	248947,45	316969	178453547	23,728	8,257
564	1771,86	249832,59	318096	179406144	23,749	8,262
565	1775,00	250719,31	319225	180362125	23,769	8,267
566	1778,14	251607,60	320356	181321496	23,791	8,272
567	1781,28	252497,36	321489	182284263	23,812	8,277
568	1784,42	253388,88	322624	183250432	23,833	8,282
569	1787,57	254281,88	323761	184220009	23,854	8,286
570	1790,71	255176,64	324900	185193000	23,875	8,291
571	1793,85	256072,60	326041	186169411	23,896	8,296
572	1796,99	256970,31	327184	187149248	23,916	8,301
573	1800,13	257869,59	328329	188132517	23,937	8,306
574	1803,27	258770,45	329476	189119224	23,958	8,311
575	1806,42	259672,87	330625	190109375	23,979	8,315
576	1809,56	260576,87	331776	191102976	24,000	8,320
577	1812,80	261482,43	332929	192100033	24,021	8,325
578	1815,84	262388,57	334084	193100552	24,042	8,330
579	1818,98	263298,28	335241	194104539	24,062	8,335
580	1822,12	264208,56	336400	195112000	24,083	8,339
581	1825,26	265120,46	337561	196122941	24,104	8,344
582	1828,41	266033,82	338724	197137368	24,125	8,349
583	1831,55	266948,82	339889	198155287	24,145	8,354
584	1834,69	267865,38	341056	199176704	24,166	8,659

Nombres.	Circonférence	Surface.	Carré.	Cube.	Racine carrée.	Racine cubique
585	1837,83	268783,57	342225	200201625	24,187	8,363
586	1840,97	269703,21	343396	201230056	24,207	8,368
587	1844,11	270624,49	344569	202262003	24,228	8,373
588	1847,26	271547,33	345744	203297472	24,249	8,378
589	1850,40	272471,75	346921	204336469	24,269	8,382
590	1853,54	273397,74	348100	205379000	24,289	8,387
591	1856,68	274325,29	349281	206425071	24,310	8,392
592	1859,82	275254,42	350464	207474688	24,331	8,397
593	1862,96	276185,12	351649	208527857	24,351	8,401
594	1866,11	277117,39	352836	209584584	24,372	8,406
595	1869,25	278051,23	354025	210644875	24,393	8,411
596	1872,39	278986,64	355216	211708736	24,413	8,415
597	1875,53	279923,62	356409	212776173	24,433	8,420
598	1878,67	280862,18	357604	213847192	24,454	8,425
599	1881,81	281802,30	358801	214921799	24,474	8,429
600	1884,96	282744,00	360000	216000000	24,495	8,434
601	1888,10	283687,26	361201	217081801	24,515	8,439
602	1891,24	284632,10	362404	218167208	24,536	8,444
603	1894,38	285578,50	363609	219256227	24,556	8,448
604	1897,52	286526,48	364816	220348864	24,576	8,453
605	1900,66	287476,03	366025	221445125	24,597	8,458
606	1903,80	288426,15	367236	222545016	24,617	8,462
607	1906,95	289379,84	368449	223648543	24,637	8,467
608	1910,09	290334,10	369664	224755712	24,658	8,472
609	1913,23	291289,93	370881	225866529	24,678	8,476
610	1916,37	292247,34	372100	226981000	24,698	8,481
611	1919,51	293206,31	373321	228099131	24,718	8,485
612	1922,65	294166,85	374544	229220928	24,739	8,490
613	1925,80	295128,97	375769	230346397	24,758	8,495
614	1928,94	296092,65	376996	231475544	24,779	8,499
615	1932,08	297057,91	378225	232608375	24,799	8,504
616	1935,22	298024,74	379456	233744896	24,819	8,509
617	1938,36	298993,14	380689	234885113	24,839	8,513
618	1941,50	299963,00	381924	236029032	24,859	8,518
619	1944,65	300934,64	383161	237176659	24,879	8,522
620	1947,79	301907,76	384400	238628000	24,899	8,527
621	1950,93	302882,44	385641	239483061	24,919	8,532
622	1954,07	303858,69	386884	240641848	24,939	8,536
623	1957,21	304836,51	388129	241804367	24,959	8,541
624	1960,35	305815,91	389376	242970624	24,980	8,545
625	1963,50	306796,87	390625	244140625	25,000	8,549
626	1966,64	307779,41	391876	245314376	25,019	8,554

Nombres.	Circonférence.	Surface.	Carré	Cube.	Racine carrée.	Racine cubique
627	1969.78	308763,41	393129	246491883	25,040	8,559
628	1972,92	309749,19	394384	247673152	25,059	8,563
629	1976.06	310736.44	395641	248858189	25,079	8,568
630	1979,20	311725,26	396900	250047000	25,099	8,573
631	1982,34	312715,64	398161	251239591	25.119	8,577
632	1985.49	313707,58	399424	252435968	25.139	8,582
633	1988,63	314701.14	400689	253636137	25,159	8,586
634	1991.77	315696,64	401956	254840104	25,179	8,591
635	1994,91	316692,91	403225	256047875	25,199	8,595
636	1998,05	317691,15	404496	257259456	25,219	8,599
637	2001,19	318690.97	405769	258474853	25,239	8.604
638	2004.34	319692,35	407044	259694072	25,259	8,609
639	2007.48	320695,31	408321	260917119	25.278	8.613
640	2010,62	321699,84	409600	262144000	25.298	8.618
641	2013,76	322705,93	410881	263374721	25,318	8,622
642	2016.90	323713,60	412164	264609288	25,338	8.627
643	2020.04	324722,84	413449	265847707	25.357	8,631
644	2023.19	325733,65	414736	267089984	25,377	8.636
645	2026,33	326746,03	416025	268336125	25,397	8,640
646	2029.47	327759,98	417316	269586136	25,416	8.644
647	2032,61	328775,50	418609	270840023	25,436	8,649
648	2035,76	329792,60	419904	272097792	25,456	8,653
649	2038,89	330811,26	421201	273359449	25,475	8,658
650	2042.04	331831,50	422500	274625000	25.495	8,662
651	2045.18	332853,40	423801	275894451	25.515	8,667
652	2048,32	333876,68	425104	277167808	25,534	8,671
653	2051.46	334901,62	426409	278445077	25,554	8,670
654	2054.60	335928,14	427716	279726264	25.573	8,680
655	2057.74	336956.23	429025	281011375	25.593	8,684
656	2060.88	337985,89	430336	282300416	25,612	8,689
657	2064,03	339017,12	431649	283593393	25,632	8,693
658	2067,17	340049,92	432964	284890312	25,651	8 698
659	2070,31	341084,29	434281	286191179	25.671	8,702
660	2073,45	342120,24	435600	287496000	25,690	8,706
661	2076,59	343157,75	436921	288804781	25.710	8,711
662	2079,73	344196,33	438244	290117528	25,720	8.715
663	2082,88	345237,49	439569	291434247	25 749	8,719
664	2086,02	346279,71	440896	292754944	25,768	8.724
665	2089,16	347323,51	442225	294079625	25.787	8,728
666	2092,30	348368,88	443556	295408296	25,807	8.733
667	2095,44	349416,40	444889	296740963	25.826	8,737
668	2098,58	350464,32	446224	298077632	25,846	8,742

Nombres.	Circonférence.	Surface.	Carré.	Cube.	Racine carrée.	Racine cubique.
669	2101,73	351514,30	447561	299418309	25,865	8,746
670	2104,87	352566,06	448900	300763000	25,884	8,750
671	2108,01	353619,28	450241	302111711	25,904	8,753
672	2111,15	354674,07	451584	303464448	25,923	8.759
673	2114.29	355730,43	452929	304821217	25,942	8,763
674	2117.43	356788,37	454276	306182024	25,961	8,768
675	2120,58	357847,87	455625	307546875	25,981	8,772
676	2123,72	358908,95	456976	308915776	26,000	8,776
677	2126,86	359971,59	458329	310288733	26,019	8,781
678	2130,00	361035,81	459684	311665752	26,038	8,785
679	2133,14	362101,60	461041	313046839	26,058	8,789
680	2136,28	363168,96	462400	314432000	26,077	8,794
681	2139,42	364237,88	463761	315821241	26,096	8,798
682	2142,57	365308,38	465124	317214568	26,115	8,802
683	2145,71	366380,40	466489	318611987	26,134	8,807
684	2148,85	367454,10	467856	320013504	26,153	8,811
685	2151,99	368529,31	469225	321419125	26,172	8,815
686	2155,13	369600,60	470596	322828856	26,192	8,819
687	2158,27	370684,45	471969	324242703	26,211	8,824
688	2161,42	371764,37	473344	325660672	26,229	8,828
689	2164,56	372845,87	474721	327082769	26,249	8,832
690	2167,70	373928,94	476100	328509000	26,268	8,836
691	2170,84	375013,57	477481	329939371	26,287	8,841
692	2173,98	376099,78	478864	331373888	26,306	8,845
693	2177,12	377187,56	480249	332812557	26,325	8,849
694	2180,27	378276,91	481636	334255384	26,344	8,853
695	2183,41	379367,83	483025	335702375	26,363	8,858
696	2186,55	380460,32	484416	337153536	26,382	8,862
697	2189,69	381554,38	485809	338608873	26,401	8,866
698	2192,83	382650,02	487204	340068392	26,419	8,870
699	2195,97	383747,22	488601	341532099	26,439	8,875
700	2199,12	384846,00	490000	343000000	26,457	8,879
701	2202,26	385949,52	491401	344472101	26,476	8,883
702	2205,40	387048,26	492804	345948088	26,495	8,887
703	2208,54	388151,74	494209	347428927	26,514	8,892
704	2211,68	389256,80	495616	348913664	26.533	8,896
705	2214,82	390363,43	497025	350402625	26,552	8,900
706	2217,96	391471,63	498436	351895816	26,571	8,904
707	2221,11	392581,40	499849	353393243	26,589	8,908
708	2224,25	393692,74	501264	354894912	26,608	8,913
709	2227,39	394805,65	502681	356400829	26,627	8,917
710	2230,53	395920,14	504100	357911000	26,644	8,921

Nombres.	Circonférence.	Surface.	Carré.	Cube.	Racine carrée.	Racine cubique
711	2233,67	397036,49	505521	359425431	26,664	8,925
712	2236,81	398151,81	506944	360944128	26,683	8,929
713	2239,96	399273,01	508369	362467097	26,702	8,934
714	2243,10	400393,73	509796	363994344	26,721	8,938
715	2246,24	401516,11	511225	365525875	26,739	8,942
716	2249,38	402640,02	512656	367061696	26,758	8,946
717	2252,52	403765,50	514089	368601813	26,777	8,950
718	2255,66	404892,54	515524	370146232	26,795	8,954
719	2258,81	406021,16	516961	371694959	26,814	8,959
720	2261,95	407151,36	518400	373248000	26,833	8,963
721	2265,09	408283,32	519841	374805361	26,851	8,967
722	2268,23	409416,45	521284	376367048	26,870	8,971
723	2271,37	410551,25	522729	377933067	26,889	8,975
724	2274,51	411687,93	524176	379503424	26,907	8,979
725	2277,66	412825,87	525625	381078125	26,926	8,983
726	2280,80	413965,24	527076	382657176	26,944	8,988
727	2283,94	415106,06	528529	384240583	26,963	8,992
728	2287,08	416249,43	529984	385828352	26,991	8,996
729	2290,22	417393,76	531441	387420489	27,000	9,000
730	2293,36	418539,66	532900	389017000	27,018	9,004
731	2296,50	419687,12	534361	390617891	27,037	9,008
732	2299,65	420836,14	535824	392223168	27,055	9,012
733	2302,79	421986,78	537289	393832837	27,074	9,016
734	2305,93	423138,96	538756	395446904	27,092	9,020
735	2309,07	424292,71	540225	397065375	27,111	9,023
736	2312,21	425442,03	541696	398688256	27,129	9,029
737	2315,35	426604,93	543169	400315553	27,148	9,033
738	2318,50	427763,39	544644	401947272	27,166	9,037
739	2321,64	428923,43	546121	403583419	27,184	9,041
740	2324,78	430085,04	547600	405224000	27,203	9,045
741	2327,92	431248,21	549081	406869021	27,221	9,049
742	2331,06	432412,96	550564	408518488	27,239	9,053
743	2334,20	433579,28	552049	410172407	27,258	9,057
744	2337,35	434747,17	553536	411830784	27,276	9,061
745	2340,49	435916,63	555025	413493625	27,295	9,065
746	2343,63	437087,66	556516	415160936	27,313	9,069
747	2346,77	438260,26	558009	416832723	27,331	9,073
748	2349,91	439434,48	559504	418508992	27,349	9,077
749	2353,05	440610,18	561001	420189749	27,368	9,081
750	2356,20	441787,50	562500	421875000	27,386	9,086
751	2359,34	442966,38	564001	423564751	27,404	9,089
752	2362,48	444146,84	565504	424525900	27,423	9,094

Nombres.	Circonférence.	Surface.	Carré.	Cube.	Racine carrée.	Racine cubique
753	2365,62	445328,86	567009	426957777	27,441	9,098
754	2368,76	446512,46	568516	428661064	27,459	9,10.
755	2371,90	447697,63	570025	430368875	27,477	9,106
756	2375,04	448884,37	571536	432081216	27,495	9,109
757	2378,19	450072,68	573049	433798093	27,514	9,114
758	2381,33	451262,56	574564	435519512	27,532	9,118
759	2384,47	452454,01	576081	437245479	27,549	9,122
760	2387,61	453647,04	577600	438976000	27,568	9,126
761	2390,75	454841,63	579121	440711081	27,586	9,129
762	2393,89	456037,87	580644	442450728	27,604	9,134
763	2397,04	457235,53	582169	444194947	27,622	9,138
764	2400,18	458435,83	583696	445943744	27,640	9,142
765	2403,32	459635,71	585225	447697125	27,659	9,146
766	2406,46	460838,16	586756	449455096	27,677	9,149
767	2409,60	462042,18	588289	451217663	27,695	9,154
768	2412,74	463247,76	589824	452984832	27,713	9,158
769	2415,98	464454,92	591361	454756609	27,731	9,162
770	2419,03	465663,66	592900	456533000	27,749	9,166
771	2422,17	466873,96	594441	458314011	27,767	9,169
772	2425,31	468085,83	595984	460099648	27,785	9,173
773	2428,45	469299,27	597529	461889917	27,803	9,177
774	2431,59	470514,29	599076	463684824	27,821	9,181
775	2434,74	471730,87	600625	465484375	27,839	9,185
776	2437,88	472949,03	602176	467288576	27,857	9,189
777	2441,02	474168,75	603729	469097433	27,875	9,193
778	2444,16	475396,05	505284	470910952	27,893	9,197
779	2447,30	476612,92	606841	472729139	27,910	9,201
780	2450,44	477837,36	608400	474552000	27,928	9,205
781	2453,58	479063,36	609961	476379541	27,946	9,209
782	2456,73	480290,94	611524	478211768	27,964	9,213
783	2459,87	481520,10	613089	480048687	27,982	9,217
784	2463,01	482750,82	614656	481890304	28,000	9,221
785	2466,15	483983,11	616225	483736025	28,017	9,225
786	2469,29	485216,97	617796	485587656	28,036	9,229
787	2472,43	486452,41	619369	487443403	28,053	9,233
788	2475,48	487689,73	620944	489303872	28,071	9,237
789	2478,72	488927,99	622521	491169069	28,089	9,240
790	2481,86	490168,14	624100	493039000	28,107	9,244
791	2485,00	491409,85	625681	494913671	28,125	9,248
792	2488,14	492653,14	627264	496793088	28,142	9,252
793	2491,28	493898,20	628849	498677257	28,160	9,256
794	2494,43	495144,43	630436	500566184	28,178	9,260

Nombres.	Circonférence.	Surface.	Carré.	Cube.	Racine carrée.	Racine cubiqu
795	2497.57	496392,43	632025	502459875	28.196	9.264
796	2500,71	497648.40	633616	504358336	28.213	9,268
797	2503,85	498893.14	635209	506261573	28,231	9,271
798	2506.99	500145,86	636804	508169592	28.249	9,275
799	2510.13	501400.14	638401	510082399	28.266	9.279
800	2513,28	502656,00	640000	512000000	28.284	9,283
801	2516.42	503913.42	641601	513922401	28.302	9.287
802	2519.56	505172.43	643204	515849608	28.319	9.291
803	2522,70	506432,98	644809	517781627	28.337	9.295
804	2525,84	507655.52	646416	519718464	28.355	9.299
805	2528.98	508958.83	648025	521660125	28,372	9,302
806	2532.12	510224.41	649636	523606616	28.390	9.306
807	2535.27	511490.96	651249	525557943	28.408	9.310
808	2538.41	512759.38	652864	527514112	28.425	9,314
809	2541.55	514029.37	654481	529474129	28.443	9.318
810	2544.09	515300,94	656100	531441000	28.460	9,321
811	2547.83	516574,07	657721	533411731	28.478	9.325
812	2550,97	517848.77	659344	535387328	28.496	9.329
813	2554,12	519125,05	660969	537366797	28.513	9.333
814	2557.26	520402.85	662596	539353144	28.531	9.337
815	2560.40	521682.31	664225	541343375	28,548	9.341
816	2563.54	522663.30	665856	543338496	28.566	9,345
817	2566.68	524245.86	667489	545338513	28.583	9.348
818	2569.82	525529.98	669124	547343432	28.601	9,352
819	2572,97	526815,68	670761	549353259	28.618	9,356
820	2576,11	528102,96	672400	551368000	28,636	9,360
821	2579.25	529391,80	674041	553387661	28,653	9.364
822	2582,39	530682,21	675684	555412248	28,670	9.367
823	2585.53	531974.39	677329	557441767	28.688	9.371
824	2588,64	533267.75	678976	559476224	28.705	9.375
825	2591.82	534562,87	680625	561515625	28,723	9.379
826	2594,96	535859.57	682276	563559976	28.740	9.383
827	2598.10	537159,83	683929	565609283	28.758	9.386
828	2601.24	538457.62	685584	567663552	28,775	9.390
829	2604.38	539759.08	687241	569722789	28.792	9.394
830	2607,52	541062.06	688900	571787000	28.810	9.398
831	2610.66	542366.60	690561	573856191	28.827	9.401
832	2613,81	543672,72	69.224	575930368	28.844	9,405
833	2616.95	544980.52	693889	578009537	28,862	9,409
834	2620.09	546289,68	695556	580093704	28.879	9.413
835	2623.23	547600,51	697225	582182875	28.896	9,417
836	2626,37	548912.91	698896	584277056	28,914	9,420

Nombres.	Circonférence.	Surface.	Carré.	Cube.	Racine carée.	Racine cubique
837	2629,51	550226,39	700569	586376253	28,931	9,424
838	2632,64	551542,43	702244	588480472	28,948	9,428
839	2635,80	552859,58	703921	590589719	28,965	9,432
840	2638,94	554178,24	705600	592704000	28,983	9,435
841	2642,08	555498,49	707281	594823321	29,000	9,439
842	2645,22	556820,32	708964	596947688	29,017	9,443
843	2648,36	558143,72	710649	599077107	29,034	9,447
844	2651,51	559468,69	712336	601211584	29,052	9,450
845	2654,65	560795,23	714025	603351125	29,069	9,454
846	2657,79	562123,34	715716	605495736	29,086	9,458
847	2660,93	563456,82	717409	607645423	29,103	9,461
848	2664,07	564784,28	719104	609800192	29,120	9,465
849	2667,21	566117,10	720801	611960049	29,138	9,469
850	2670,36	567451,59	722500	614125000	29,155	9,473
851	2673,50	568787,46	724201	616295051	29,172	9,476
852	2676,64	570125,00	725904	618470208	29,189	9,480
853	2679,78	571464,10	727609	620650477	29,206	9,483
854	2682,92	572804,78	729316	622835864	29,223	9,487
855	2686,06	574147,03	731025	625026375	29,240	9,491
856	2689,20	575490,85	732736	627222016	29,257	9,495
857	2692,35	576836,24	734449	629422793	29,274	9,499
858	2695,49	578183,20	736164	631628712	29,292	9,502
859	2698,63	579531,73	737881	633839779	29,309	9,506
860	2701,77	580881,84	739600	636056000	29,326	9,509
861	2704,91	582233,51	741321	638277381	29,343	9,513
862	2708,05	583586,75	743044	640503928	29,360	9,517
863	2711,20	584941,57	744769	642735647	29,377	9,520
864	2714,34	586297,95	746496	644972544	29,394	9,524
865	2717,48	587655,91	748225	647214625	29,411	9,528
866	2720,66	589015,44	749956	649461896	29,428	9,532
867	2723,76	590376,54	751689	651714363	29,445	9,535
868	2726,90	591739,20	753424	653972032	29,462	9,539
869	2730,05	593103,44	755161	656234909	29,479	9,543
870	2733,19	594469,26	756900	658503000	29,496	9,546
871	2736,33	595836,44	758641	660776311	29,513	9,550
872	2739,87	597205,59	760384	663054848	29,529	9,554
873	2742,61	598576,91	762129	665338617	29,546	9,557
874	2745,75	599948,21	763876	667627624	29,563	9,561
875	2748,90	601321,87	765625	669921875	29,580	9,565
876	2752,04	602697,11	767376	672221376	29,597	9,568
877	2755,18	604073,91	769129	674526133	29,614	9,572
878	2758,32	605451,49	770884	676836152	29,631	9,575

Nombres.	Circonférence.	Surface.	Carré.	Cube.	Racine carrée.	Racine cubique
879	2761,46	606832,24	772641	679151439	29,648	9,579
880	2764,60	608213,76	774400	681472000	29,665	9,583
881	2767,74	609596,84	776161	683797841	29,682	9,586
882	2770,89	610981,50	777924	686128968	29,698	9,590
883	2774,03	612367,74	779689	688465387	29,715	9,594
884	2777,17	613755,54	781456	690807104	29,732	9,597
885	2780,31	615144,91	783225	693154125	29,749	9,601
886	2783,45	616535,85	784996	695506456	29,766	9,604
887	2786,59	617928,37	786769	697864103	29,782	9,608
888	2789,75	619322,45	788544	700227072	29,799	9,612
889	2792,88	620718,11	790321	702595369	29,816	9,615
890	2796,02	622115,34	792100	704969000	29,833	9,619
891	2799,16	623514,13	793881	707347971	29,850	9,623
892	2802,30	624914,50	795664	709732288	29,866	9,626
893	2805,44	626316,44	797449	712121957	29,883	9,630
894	2808,59	627719,95	799236	714516984	29,900	9,633
895	2811,73	629120,35	801025	716917375	29,916	9,637
896	2814,87	630531,68	802816	719323136	29,933	9,640
897	2818,82	631939,90	804609	721734273	29,950	9,644
898	2821,15	633349,70	806404	724150792	29,967	9,648
899	2824,29	634768,13	808201	726572699	29,983	9,651
900	2827,44	636174,00	810000	729000000	30,000	9,655
901	2830,58	637588,50	811804	731432701	30,017	9,658
902	2833,72	639004,58	813604	733870808	30,033	9,662
903	2836,86	640422,22	815409	736314327	30,050	9,666
904	2840,00	641841,44	817216	738763264	30,066	9,669
905	2843,14	643262,23	819025	741217625	30,083	9,673
906	2846,28	644684,74	820836	743677416	30,100	9,676
907	2849,43	646108,52	822649	746142643	30,116	9,680
908	2852,57	647534,02	824464	748613312	30,133	9,683
909	2855,71	648961,09	826281	751089429	30,150	9,687
910	2858,85	650389,74	828100	753571000	30,163	9,690
911	2861,99	651819,95	829921	756058031	30,183	9,694
912	2865,13	653251,73	831744	758550528	30,199	9,698
913	2868,29	654689,09	833569	761048497	30,216	9,701
914	2871,42	656120,84	835396	763551944	30,232	9,705
915	2874,56	657556,51	837225	766060875	30,249	9,708
916	2877,70	658994,58	839056	768575296	30,265	9,712
917	2880,84	660432,22	840889	771095213	30,282	9,715
918	2883,98	661875,42	842724	773620632	30,298	9,718
919	3887,13	663318,20	844561	776151559	30,315	9,722
920	2890,27	664762,56	846400	778688000	30,331	9,726

Nombres.	Circonférence.	Surface.	Carré.	Cube.	Racine carrée.	Racine cubique.
921	2893,41	666208,48	848241	781229961	30,348	9,729
922	2896,55	667655,97	850084	783777448	30,364	9,733
923	2899,69	669101,61	851929	786330467	30,381	9,736
924	2902,83	670555,67	853776	788889024	30,397	9,740
925	2905,98	672007,87	855625	791453125	30,414	9,743
926	2909,12	673461,65	857476	794022776	30,430	9,747
927	2912,26	674916,99	859329	796597983	30,447	9,750
928	2915,40	676373,91	861184	799178752	30,463	9,754
929	2918,54	677832,40	863041	801765089	30,479	9,757
930	2921,68	679292,46	864900	804357000	30,496	9,761
931	2924,82	680754,08	866761	806954491	30,512	9,764
932	2927,97	682217,30	868624	809557568	30,529	9,768
933	2931,11	683682,06	870489	812166237	30,545	9,771
934	2934,25	685148,40	872356	814780504	30,561	9,775
935	2937,39	686616,31	874225	817400375	30,578	9,778
936	2940,53	688085,79	876096	820025856	30,594	9,783
937	2943,67	689556,85	877969	822656953	30,610	9,785
938	2946,82	691029,47	879844	825293672	30,627	9,789
939	2949,96	692503,67	881721	827936019	30,643	9,792
940	2953,10	693979,44	883600	830584000	30,659	9,796
941	2956,24	695456,77	885481	833237621	30,676	9,799
942	2959,38	696935,68	887364	835896888	30,692	9,803
943	2962,43	698416,14	889249	838561807	30,708	9,806
944	2965,67	699898,21	891136	841232384	30,724	9,810
945	2968,81	701331,83	893025	843908625	30,741	9,813
946	2971,95	702867,02	8 4916	846590536	30,757	9,817
947	2975,09	704350,25	896809	849278123	30,773	9,820
948	2978,23	705841,80	898704	851971392	30,790	9,823
949	2981,37	707332,02	900601	854670349	30,806	9,827
950	2984,52	708023,50	902500	857375000	30,822	9,830
951	2987,66	710316,54	904401	860085351	30,838	9,834
952	2990,72	711814,16	906304	862801408	30,854	9,837
953	2993,94	713367,34	908209	865523177	30,871	9,841
954	2997,08	714805,10	910116	868250664	30,887	9,844
955	3000,22	716304,43	912025	870983875	30,903	9,848
956	3003,36	717805,33	913936	873722816	30,919	9,851
957	3006,51	719307,89	915849	876467493	30,935	9,854
958	3009,65	720811,84	917764	879217912	30,951	9,858
959	3012,79	722317,45	919681	881974079	30,968	9,861
960	3015,93	723824,64	921600	884736000	30,984	9,865
961	3019,07	725333,39	923521	887503681	31,000	9,868
962	3022,21	726843,71	925444	890277128	31,016	9,872

Nombres.	Circonférence	Surface.	Carré.	Cube.	Racine carrée.	Racine cubique
963	3025,36	728355,61	927369	893056347	31,032	9,875
964	3028,50	729869,07	929296	895841344	31,048	9,878
965	3031,64	731384,11	931225	898632125	31,064	9,881
966	3034,78	732900,72	933156	901428696	31,080	9,885
967	3037,92	734418,90	935089	904231063	31,097	9,889
968	3041,06	735938,64	937024	907039232	31,113	9,892
969	3044,21	737459,96	938961	909853209	31,129	9,895
970	3047,35	738982,86	940900	912673000	31,145	9,899
971	3050,49	740507,32	942841	915498611	31,161	9,902
972	3053,63	742033,35	944784	918330048	31,177	9,906
973	3056,77	743560,95	946729	921167317	31,193	9,909
974	3059,91	745090,13	948676	924010424	31,209	9,912
975	3063,06	746620,87	950625	926859375	31,225	9,916
976	3066,20	748153,19	952576	929714176	31,241	9,919
977	3069,36	749687,07	954529	932574833	31,257	9,923
978	3072,48	751222,53	956484	935441352	31,273	9,926
979	3075,62	752759,56	958441	938313739	31,289	9,929
980	3078,76	754298,16	960400	941192000	31,305	9,933
981	3081,90	755838,32	962361	944076141	31,321	9,936
982	3085,05	757380,06	964324	946966168	31,337	9,940
983	3088,19	758923,38	966289	949862087	31,353	9,943
984	3091,33	760468,26	968256	952763904	31,369	9,946
985	3094,47	762014,71	970225	955671625	31,385	9,950
986	3097,61	763562,73	972196	958585256	31,401	9,953
987	3100,75	765119,33	974169	961504803	31,416	9,956
988	3103,96	766663,49	976144	964430272	31,432	9,960
989	3107,04	768216,23	978121	967361669	31,448	9,963
990	3110,18	769770,54	980100	970299000	31,464	9,966
991	3113,32	771326,41	982081	973242271	31,480	9,970
992	3116,46	772883,86	984064	976191488	31,496	9,973
993	3119,60	774442,88	986049	979146657	31,512	9,977
994	3122,75	776003,47	988036	982107784	31,528	9,980
995	3125,89	777565,63	990025	985074875	31,544	9,983
996	3129,03	779129,36	992016	988047936	31,559	9,987
997	3132,17	780694,66	994009	991026973	31,575	9,990
998	3135,41	782261,54	996004	994011992	31,591	9,993
999	3138,45	783829,98	998001	997002999	31,607	9,997
1000	3141,60	785400,00	1000000	1000000000	31,623	10,000
1001	3144,14	786571,57	1002001	1003003001	31,638	10,003
1002	3147,28	788143,14	1004004	1006012008	31,654	10,006
1003	3150,42	789714,85	1006009	1009027027	31,670	10,009
1004	3153,56	791292,56	1008016	1012048064	31,685	10,013
1005	3156,70	792869,42	1010025	1015075125	31,701	10,016

Nomb.	4^e Puissance.	5^e Puissance.	Nomb.	4^e Puissance.	5^e Puissance.
1	1	1	41	2 825 761	115 856 201
2	16	32	42	3 111 696	130 691 232
3	81	243	43	3 418 801	147 008 443
4	256	1 024	44	3 748 096	164 916 224
5	625	3 125	45	4 100 625	184 528 125
6	1 296	7 776	46	4 477 456	205 962 976
7	2 401	16 807	47	4 879 681	229 345 007
8	4 096	32 768	48	5 308 416	254 803 968
9	6 561	59 049	49	5 764 801	282 475 249
10	10 000	100 000	50	6 250 000	312 504 000
11	14 641	161 051	51	6 765 201	345 025 251
12	20 736	248 832	52	7 311 616	380 204 032
13	28 561	371 293	53	7 890 481	418 195 493
14	38 416	537 824	54	8 503 056	459 165 024
15	50 625	759 375	55	9 150 625	503 284 375
16	65 536	1 048 576	56	9 834 496	550 731 776
17	83 521	1 419 857	57	10 556 001	601 692 057
18	104 976	1 889 568	58	11 316 496	656 356 768
19	130 321	2 476 099	59	12 117 361	714 924 299
20	160 000	3 200 000	60	12 960 000	777 600 000
21	194 481	4 084 101	61	13 845 841	844 596 301
22	234 256	5 153 632	62	14 776 336	916 132 832
23	279 841	6 436 343	63	15 752 961	992 436 543
24	331 776	7 962 624	64	16 777 216	1 073 741 824
25	390 625	9 765 625	65	17 850 625	1 160 290 625
26	456 976	11 881 376	66	18 974 736	1 252 332 576
27	531 441	14 348 907	67	20 151 121	1 350 125 107
28	614 656	17 210 368	68	21 381 376	1 453 933 568
29	707 281	20 511 149	69	22 667 121	1 564 031 349
30	810 000	24 300 000	70	24 010 000	1 680 700 000
31	923 521	28 629 151	71	25 411 681	1 804 229 351
32	1 048 576	33 554 432	72	26 873 856	1 934 917 632
33	1 185 921	39 135 393	73	28 398 241	2 073 071 593
34	1 336 336	45 435 424	74	29 986 576	2 219 006 624
35	1 500 625	52 521 875	75	31 640 625	2 373 046 875
36	1 679 616	60 466 176	76	33 362 176	2 535 525 376
37	1 874 161	69 343 957	77	35 153 041	2 706 784 157
38	2 085 136	79 235 168	78	37 015 056	2 887 174 368
39	2 313 441	90 224 199	79	38 950 081	3 077 056 399
40	2 560 000	102 400 000	80	40 960 000	3 276 800 000

Nomb.	4e Puissance.	5e Puissance.	Nomb.	4e Puissance.	5e Puissance.
81	43 046 721	3 486 784 401	121	214 358 881	25 937 424 601
82	45 212 176	3 707 398 432	122	221 533 456	27 027 081 632
83	47 458 321	3 939 040 613	123	228 886 641	28 153 056 843
84	49 787 136	4 182 119 424	124	236 421 376	29 316 250 624
85	52 200 625	4 437 053 125	125	244 140 625	30 517 578 125
86	54 708 016	4 704 270 176	126	252 047 376	31 757 969 376
87	57 289 761	4 984 209 207	127	260 144 641	33 038 369 407
88	59 969 536	5 277 319 168	128	268 435 456	34 359 738 368
89	62 742 241	5 584 059 449	129	276 922 881	35 723 051 649
90	65 610 000	5 904 900 000	130	285 610 000	37 129 300 000
91	68 574 961	6 240 321 451	131	294 499 921	38 579 489 651
92	71 639 296	6 590 815 232	132	303 595 776	40 074 642 432
93	74 805 201	6 596 883 693	133	312 900 721	41 615 795 893
94	78 074 896	7 339 040 224	134	322 417 936	43 204 003 424
95	81 450 625	7 737 809 375	135	332 150 625	44 840 334 375
96	84 934 656	8 153 726 976	136	342 102 016	46 525 874 176
97	88 529 281	8 587 340 257	137	352 275 361	48 261 724 457
98	92 236 816	9 039 207 968	138	362 673 936	50 049 003 168
99	96 059 601	9 509 900 499	139	373 301 041	51 888 844 699
100	100 000 000	10 000 000 000	140	384 160 000	53 782 400 000
101	104 060 461	10 510 100 501	141	395 254 161	55 730 836 701
102	108 243 216	11 040 808 032	142	406 586 896	57 735 339 232
103	112 550 881	11 592 740 743	143	418 161 601	59 797 108 943
104	116 985 856	12 166 529 024	144	429 981 696	61 917 364 224
105	121 550 625	12 762 815 625	145	442 050 625	64 097 340 625
106	126 247 696	13 382 255 776	146	454 371 856	66 338 290 976
107	131 079 601	14 025 517 307	147	466 948 881	68 641 485 507
108	136 048 896	14 693 280 768	148	479 785 216	71 008 211 968
109	141 158 161	15 386 239 549	149	492 884 401	73 439 775 749
110	146 410 000	16 105 100 000	150	506 250 000	75 937 500 000
111	151 807 041	16 850 581 551	151	519 885 609	78 402 725 651
112	157 351 936	17 623 410 832	152	533 794 816	81 136 822 032
113	163 047 361	18 424 351 793	153	547 981 281	83 841 135 993
114	168 896 016	19 254 145 824	154	562 448 656	86 617 093 024
115	174 900 625	20 113 571 875	155	577 200 625	89 486 096 875
116	181 063 936	21 003 410 576	156	592 240 896	92 397 579 796
117	187 388 721	21 924 480 357	157	607 160 407	95 325 595 957
118	193 877 776	22 877 577 568	158	623 201 296	98 465 804 768
119	200 533 921	23 863 536 599	159	639 228 961	101 637 404 799
120	207 360 000	24 883 200 000	160	655 360 000	104 857 600 000

Aires des segments d'un cercle, le diamètre étant l'unité et divisé en 1000 parties égales.

Hauteur.	Aires.	Hauteur.	Aires.	Hauteur.	Aires.	Hauteur.	Aires.	Hauteur.	Aires.	Hauteur.	Aires.
.001	.000042	.051	.015119	.101	.041477	.151	.074590	.201	.112625	.251	.154413
.002	.000119	.052	.015561	.102	.042081	.152	.075307	.202	.113427	.252	.155281
.003	.000218	.053	.016008	.103	.042687	.153	.076026	.203	.114231	.253	.156149
.004	.000337	.054	.016458	.104	.043296	.154	.076747	.204	.115036	.254	.157019
.005	.000471	.055	.016912	.105	.043908	.155	.077470	.205	.115842	.255	.157891
.006	.000619	.056	.017369	.106	.044523	.156	.078194	.206	.116651	.256	.158763
.007	.000779	.057	.017831	.107	.045140	.157	.078921	.207	.117460	.257	.159636
.008	.000952	.058	.018297	.108	.045759	.158	.079650	.208	.118271	.258	.160511
.009	.001135	.059	.018766	.109	.046381	.159	.080380	.209	.119083	.259	.161386
.010	.001329	.060	.019239	.110	.047006	.160	.081112	.210	.119898	.260	.162263
.011	.001533	.061	.019716	.111	.047633	.161	.081847	.211	.120713	.261	.163141
.012	.001746	.062	.020197	.112	.048262	.162	.082582	.212	.121530	.262	.164020
.013	.001969	.063	.020681	.113	.048894	.163	.083320	.213	.122348	.263	.164900
.014	.002199	.064	.021168	.114	.049529	.164	.084060	.214	.123167	.264	.165781
.015	.002438	.065	.021660	.115	.050165	.165	.084801	.215	.123988	.265	.166663
.016	.002685	.066	.022155	.116	.050805	.166	.085545	.216	.124811	.266	.167546
.017	.002940	.067	.022653	.117	.051446	.167	.086290	.217	.125634	.267	.168431
.018	.003202	.068	.023155	.118	.052090	.168	.087037	.218	.126459	.268	.169316
.019	.003472	.069	.023660	.119	.052737	.169	.087785	.219	.127286	.269	.170202
.020	.003749	.070	.024168	.120	.053385	.170	.088536	.220	.128114	.270	.171090
.021	.004032	.071	.024680	.121	.054037	.171	.089288	.221	.128943	.271	.171978
.022	.004322	.072	.025196	.122	.054690	.172	.090042	.222	.129773	.272	.172868
.023	.004619	.073	.025714	.123	.055346	.173	.090797	.223	.130605	.273	.173758
.024	.004922	.074	.026236	.124	.056004	.174	.091555	.224	.131438	.274	.174650
.025	.005231	.075	.026761	.125	.056664	.175	.092314	.225	.132273	.275	.175542
.026	.005546	.076	.027290	.126	.057327	.176	.093074	.226	.133109	.276	.176436
.027	.005867	.077	.027821	.127	.057991	.177	.093837	.227	.133946	.277	.177330
.028	.006194	.078	.028356	.128	.058658	.178	.094601	.228	.134784	.278	.178226
.029	.006527	.079	.028894	.129	.059328	.179	.095367	.229	.135624	.279	.179122
.030	.006866	.080	.029435	.130	.059999	.180	.096135	.230	.136465	.280	.180020
.031	.007209	.081	.029979	.131	.060673	.181	.096904	.231	.137307	.281	.180918
.032	.007559	.082	.030526	.132	.061349	.182	.097675	.232	.138151	.282	.181818
.033	.007913	.083	.031077	.133	.062027	.183	.098447	.233	.138996	.283	.182718
.034	.008273	.084	.031630	.134	.062707	.184	.099221	.234	.139842	.284	.183619
.035	.008638	.085	.032186	.135	.063389	.185	.099997	.235	.140689	.285	.184522
.036	.009008	.086	.032746	.136	.064074	.186	.100774	.236	.141538	.286	.185425
.037	.009383	.087	.033308	.137	.064761	.187	.101553	.237	.142388	.287	.186329
.038	.009763	.088	.033873	.138	.065449	.188	.102334	.238	.143239	.288	.187235
.039	.010148	.089	.034441	.139	.066140	.189	.103116	.239	.144091	.289	.188141
.040	.010538	.090	.035012	.140	.066833	.190	.103900	.240	.144945	.290	.189048
.041	.010932	.091	.035586	.141	.067528	.191	.104686	.241	.145800	.291	.189958
.042	.011331	.092	.036162	.142	.068225	.192	.105472	.242	.146655	.292	.190865
.043	.011734	.093	.036742	.143	.068924	.193	.106261	.243	.147513	.293	.191774
.044	.012142	.094	.037324	.144	.069626	.194	.107051	.244	.148371	.294	.192685
.045	.012555	.095	.037909	.145	.070329	.195	.107843	.245	.149231	.295	.193597
.046	.012971	.096	.038497	.146	.071034	.196	.108636	.246	.150091	.296	.194509
.047	.013393	.097	.039087	.147	.071741	.197	.109431	.247	.150953	.297	.195423
.048	.013818	.098	.039681	.148	.072450	.198	.110227	.248	.151816	.298	.196337
.049	.014248	.099	.040277	.149	.073162	.199	.111025	.249	.152681	.299	.197252
.050	.014681	.100	.040875	.150	.073875	.200	.111824	.250	.153546	.300	.198168

Hauteur.	Aires.	Hauteur.	Aires.	Hauteur.	Aires.	Hauteur.	Aires.	Hauteur.	Aires.	Hauteur.	Aires.
.301	.199085	.331	.226974	.361	.255511	.391	.284569	.421	.314029	.451	.343778
.302	.200003	.332	.227916	.362	.256472	.392	.285545	.422	.315017	.453	.345768
.303	.200922	.333	.228858	.363	.257433	.393	.286521	.423	.316005	.455	.347760
.304	.201841	.334	.229801	.364	.258395	.394	.287499	.424	.316993	.457	.349752
.305	.202762	.335	.230745	.365	.259358	.395	.288476	.425	.317981	.459	.351745
.306	.203683	.336	.231689	.366	.260321	.396	.289454	.426	.318970	.462	.354736
.307	.204605	.337	.232634	.367	.261285	.397	.290432	.427	.319959	.464	.356730
.308	.205528	.338	.233580	.368	.262249	.398	.291411	.428	.320949	.466	.358725
.309	.206452	.339	.234526	.369	.263214	.399	.292390	.429	.321938	.468	.360721
.310	.207376	.340	.235473	.370	.264179	.400	.293370	.430	.322928	.470	.362717
.311	.208302	.341	.236421	.371	.265145	.401	.294350	.431	.323919	.471	.363715
.312	.209228	.342	.237369	.372	.266111	.402	.295330	.432	.324909	.473	.365712
.313	.210155	.343	.238319	.373	.267078	.403	.296311	.433	.325900	.475	.367710
.314	.211083	.344	.239268	.374	.268046	.404	.297292	.434	.326891	.477	.369707
.315	.212011	.345	.240219	.375	.269014	.405	.298274	.435	.327883	.479	.371705
.316	.212941	.346	.241170	.376	.269982	.406	.299256	.436	.328874	.482	.374703
.317	.213871	.347	.242122	.377	.270951	.407	.300238	.437	.329866	.484	.376702
.318	.214802	.348	.243074	.378	.271921	.408	.301221	.438	.330858	.486	.378701
.319	.215734	.349	.244027	.379	.272891	.409	.302204	.439	.331851	.488	.380700
.320	.216666	.350	.244980	.380	.273861	.410	.303187	.440	.332843	.490	.382700
.321	.217600	.351	.245935	.381	.274832	.411	.304171	.441	.333836	.491	.383700
.322	.218534	.352	.246890	.382	.275804	.412	.305156	.442	.334829	.492	.384699
.323	.219469	.353	.247845	.383	.276776	.413	.306140	.443	.335823	.493	.385699
.324	.220404	.354	.248801	.384	.277748	.414	.307125	.444	.336816	.494	.386699
.325	.221341	.355	.249758	.385	.278721	.415	.308110	.445	.337810	.495	.387699
.326	.222278	.356	.250715	.386	.279695	.416	.309096	.446	.338804	.496	.388699
.327	.223216	.357	.251673	.387	.280669	.417	.310082	.447	.339799	.497	.389699
.328	.224154	.358	.252632	.388	.281643	.418	.311068	.448	.340793	.498	.390699
.329	.225094	.359	.253591	.389	.282618	.419	.312055	.449	.341788	.499	.391699
.330	.226034	.360	.254551	.390	.283593	.420	.313042	.450	.342783	.500	.392699

Longueurs des arcs circulaires dont le rayon est l'unité.

Degré.	Longueur.	Degré.	Longueur.	Minute	Longueur.	Seconde	Longueur.
1	0.0 174 533	60	1.0 471 976	1	0.0 002 909	1	0.0 000 48
2	0.0 349 066	70	1.2 217 305	2	0.0 005 818	2	0.0 000 97
3	0.0 523 599	80	1.3 962 634	3	0.0 008 727	3	0.0 000 145
4	0.0 698 132	90	1.5 707 963	4	0.0 011 636	4	0.0 000 194
5	0.0 872 665	100	1.7 453 293	5	0.0 014 544	5	0.0 000 242
6	0.1 047 198	120	2.0 943 951	6	0.0 017 453	6	0.0 000 291
7	0.1 221 730	150	2.6 179 939	7	0.0 020 362	7	0.0 000 339
8	0.1 396 263	180	3.1 415 927	8	0.0 023 271	8	0.0 000 388
9	0.1 570 796	210	3.6 651 914	9	0.0 026 180	9	0 0 000 436
10	0.1 745 329	240	4.1 887 902	10	0.0 029 089	10	0.0 000 485
20	0.3 490 659	270	4.7 123 890	20	0.0 058 178	20	0 0 000 970
30	0.5 235 988	300	5.2 359 878	30	0.0 087 266	30	0.0 001 454
40	0.6 981 317	330	5.7 595 865	40	0.0 116 355	40	0·0 001 939
50	0.8 726 646	360	6.2 831 853	50	0.0 145 444	50	0.0 004 424

Hauteur de l'arc.	Longueur de l'arc.	Hauteur de l'arc.	Longueur de l'arc.	Hauteur de l'arc.	Longueur de l'arc.	Hauteur de l'arc.	Longueur de l'arc.	Hauteur de l'arc.	Longueur de l'arc.	Hauteur de l'arc.	Longueur de l'arc.
.100	1.02545										
.101	1.02698	.151	1.05973	.201	1.10447	.251	1.16033	.301	1.22635	.351	1.30156
.102	1.02752	.152	1.06051	.202	1.10548	.252	1.16157	.302	1.22776	.352	1.30315
.103	1.02806	.153	1.06130	.203	1.10650	.253	1.16279	.303	1.22918	.353	1.30474
.104	1.02860	.154	1.06209	.204	1.10752	.254	1.16402	.304	1.23061	.354	1.30634
.105	1.02914	.155	1.06288	.205	1.10855	.255	1.16526	.305	1.23205	.355	1.30794
.106	1.02970	.156	1.06368	.206	1.10958	.256	1.16649	.306	1.23349	.356	1.30954
.107	1.03026	.157	1.06449	.207	1.11062	.257	1.16774	.307	1.23494	.357	1.31115
.108	1.03082	.158	1.06530	.208	1.11165	.258	1.16899	.308	1.23636	.358	1.31276
.109	1.03139	.159	1.06611	.209	1.11269	.259	1.17024	.309	1.27780	.359	1.31437
.110	1.03196	.160	1.06693	.210	1.11374	.260	1.17150	.310	1.23925	.360	1.31599
.111	1.03254	.161	1.06775	.211	1.11479	.261	1.17275	.311	1.24070	.361	1.31761
.112	1.03312	.162	1.06858	.212	1.11584	.262	1.17401	.312	1.24216	.362	1.31923
.113	1.03371	.163	1.06941	.213	1.11692	.263	1.17527	.313	1.24360	.363	1.32086
.114	1.03430	.164	1.07025	.214	1.11796	.264	1.17655	.314	1.24506	.364	1.32249
.115	1.03490	.165	1.07109	.215	1.11904	.265	.17784	.315	.24654	.365	1.32413
.116	1.03551	.166	1.07194	.216	1.12011	.266	1.17912	.316	1.24801	.366	1.32577
.117	1.03611	.167	1.07279	.217	1.12118	.267	1.18040	.317	1.24946	.367	1.32741
.118	1.03672	.168	1.07365	.218	1.12225	.268	1.18162	.318	1.25095	.368	1.32905
.119	1.03734	.169	1.07451	.219	1.12334	.269	1.18294	.319	1.25243	.369	1.33069
.120	1.03797	.170	1.07537	.220	1.12445	.270	1.18428	.320	1.25391	.370	1.33234
.121	1.03860	.171	1.07624	.221	1.12556	.271	1.18557	.321	1.25539	.371	1.33399
.122	1.03923	.172	1.07711	.222	1.12663	.272	1.18688	.322	1.25686	.372	1.33564
.123	1.03987	.173	1.07799	.223	1.12774	.273	1.18819	.323	1.25836	.373	1.33730
.124	1.04051	.174	1.07888	.224	1.12885	.274	18969	.324	1.25987	.374	1.33896
.125	1.04116	.175	1.07977	.225	1.12997	.275	.19082	.325	1.26137	.375	1.34063
.126	1.04181	.176	1.08066	.226	1.13108	.276	.19214	.326	.26286	.376	1.34229
.127	1.04247	.177	1.08156	.227	1.13219	.277	1.19345	.327	1.26437	.377	1.34396
.128	1.04313	.178	1.08246	.228	1.13331	.278	1.19477	.328	1.26588	.378	1.34563
.129	1.04380	.179	1.08337	.229	1.13444	.279	1.19610	.329	1.26740	.379	1.34731
.130	1.04447	.180	1.08428	.230	1.13557	.280	1.19743	.330	1.26892	.380	1.34899
.131	1.04515	.181	1.08519	.231	1.13671	.281	1.19887	.331	1.27044	.381	1.35068
.122	1.04584	.182	1.08611	.232	1.13786	.282	1.20011	.332	1.27196	.382	1.35237
.133	1.04652	.183	1.08704	.233	1.13903	.283	1.20146	.333	1.27349	.383	1.35406
.134	1.04722	.184	1.08787	.234	1.14020	.284	1.20282	.334	1.27501	.384	1.35575
.135	1.04792	.185	1.08890	.235	1.14136	.285	1.20419	.335	1.27656	.385	1.35744
.136	1.04862	.186	1.08984	.236	1.14247	.286	1.20558	.336	1.27810	.386	1.35914
.137	1.04932	.187	1.09079	.237	1.14363	.287	1.20696	.337	1.27864	.387	1.36084
.138	1.05003	.188	1.09174	.238	1.14480	.288	1.20828	.338	1.28118	.388	1.36254
.139	1.05075	.189	1.09269	.239	1.14597	.289	1.20967	.339	1.28273	.389	1.36425
.140	1.05147	.190	1.09365	.240	1.14714	.290	1.21202	.340	1.28428	.390	1.36596
.141	1.05220	.191	1.09461	.241	1.14831	.291	1.21239	.311	1.28583	.391	1.36767
.142	1.05293	.192	1.09557	.242	1.14949	.292	1.21381	.342	1.28739	.392	1.36939
.143	1.05367	.193	1.09654	.243	1.15067	.293	1.21520	.343	1.28895	.393	1.37111
.144	1.05441	.194	1.09752	.244	1.15186	.294	1.21658	.344	1.29052	.394	1.37283
.145	1.05516	.195	1.09850	.245	1.15308	.295	1.21794	.345	1.29209	.395	1.37455
.146	1.05591	.196	1.09949	.246	1.15429	.296	1.21926	.346	1.29366	.396	1.37628
.147	1.05667	.197	1.10048	.247	1.15549	.297	1.22061	.347	1.29523	.397	1.37801
.148	1.05743	.198	1.10147	.248	1.15670	.298	1.22203	.348	1.29681	.398	1.37974
.149	1.05819	.199	1.10247	.249	1.15791	.299	1.22347	.349	1.29839	.399	1.38148
150	1.05896	.200	1.10348	.250	1.15912	.300	1 22495	.350	1.29997	.400	1.38322

Hauteur de l'arc.	Longueur de l'arc.	Hauteur de l'arc.	Longueur de l'arc.	Hauteur de l'arc.	Longueur de l'arc.	Hauteur de l'arc.	Longueur de l'arc.	Hauteur de l'arc.	Longueur de l'arc.	Hauteur de l'arc.	Longueur de l'arc.
.401	1.38496	.418	1.41503	.434	1.44405	.451	1.47565	.468	1.50800	.484	1.53910
.402	1.38671	.419	1.41682	.435	1.44589	.452	1.47753	.469	1.50992	.485	1.54106
.403	1.38846	.420	1.41861	.436	1.44773	.453	1.47942	.470	1.51185	.486	1.54302
.404	1.39021			.437	1.44957	.454	1.48131			.487	1.54499
.405	1.39196	.421	1.42041	.438	1.45142	.455	1.48320	.471	1.51378	.488	1.54696
.406	1.39372	.422	1.42222	.439	1.45327	.456	1.48509	.472	1.51571	.489	1.51893
.407	1.30548	.423	1.42402	.440	1.45512	.457	1.48699	.473	1.51764	.490	1.55090
.408	1.39724	.424	1.42583			.458	1.48889	.474	1.51958		
.409	1.39900	.425	1.42764	.441	1.45697	.459	.49079	.475	1.52152	.491	1.55288
.410	1.40077	.426	1.42945	.442	1.45883	.460	1.49269	.476	1.52346	.492	1.55486
		.427	1.43127	.443	1.46069			.477	1.52541	.493	1.55685
.411	1.40254	.428	1.43309	.444	1.46255	.461	1.49460	.478	1.52736	.494	1.55854
.412	1.40432	.429	1.43491	.445	1.46441	.462	1.49651	.479	1.52931	.495	1.56083
.413	1.40610	.430	1.43673	.446	1.46628	.463	1.49842	.480	1.53126	.496	1.56282
.414	1.40788			.447	1.46815	.464	1.50033			.497	1.56481
.415	1.40966	.431	1.43856	.448	1.47002	.465	1.50224	.481	1.53322	.498	1.56680
.416	1.41145	.432	1.44039	.449	1.47189	.466	1.50416	.482	1.53518	.499	1.56879
.417	1.41324	.433	1.44222	.450	1.47377	.467	1.50608	.483	1.53714	.500	1.57079

Surfaces et volumes des corps réguliers, dont le côté est l'unité.

NOMBRE DE CÔTÉS.	NOM.	SURFACES.	VOLUMES.
4	Tétraèdre.............	1.7 320 508	0.1 178 519
6	Hexaèdre............	6.	1.
8	Octaèdre..............	3.4 641 016	0.4 714 045
12	Dodécaèdre.	20.6 457 788	7.6 631 189
20	Icosaèdre............	8.6 602 540	2.1 816 950

Surfaces des polygones réguliers dont le côté est pris pour l'unité.

NOMS des polygones.	NOMBRE des côtés.	APOTHÈME ou perpendiculaire.	SURFACE, le côté étant 1 ou l'unité.	ANGLE intérieur.	ANGLE central.
Triangle	3	0.2 886751	0.4 330 127	60° 0′	120° 0′
Carré.............	4	0.5	1.	90 0	90 0
Pentagone..	5	0.6 881 910	1.7 204 774	108 0	72 0
Hexagone.	6	0.8 660 254	2.5 980 762	120 0	60 0
Eptagone.........	7	1.0 382 607	3.6 339 124	128 34 $\frac{2}{7}$	51 25 $\frac{3}{7}$
Octogone.........	8	1.2 071 069	4.8 284 271	135 0	45 0
Ennéagone........	9	1.3 737 387	6.1 818 242	140 0	40 0
Décagone.	10	1.5 388 418	7.6 942 088	144 0	36 0
Undecagone	11	1.7 028 436	9.3 656 399	147 16 $\frac{4}{11}$	32 43 $\frac{7}{11}$
Dodécagone.......	12	1.8 660 254	11.1 961 524	150 0	30 0

Numéros.	Logarithmes.	Numéros.	Logarithmes.	Numéros.	Logarithmes.
1 1/4	.22 314	4 1/4	1.44 691	7 1/4	1.98 100
1 1/2	.40 546	4 1/2	1.50 507	7 1/2	2.01 490
1 3/4	.55 961	4 3/4	1 55 814	7 3/4	2.04 769
2	.69 314	5	1.60 943	8	2.07 944
2 1/4	.81 093	5 1/4	1.65 822	8 1/2	2.14 006
2 1/2	.91 629	5 1/2	1.70 474	9	2.19 722
2 3/4	1.01 160	5 3/4	1.74 919	9 1/2	2.25 129
3	1.09 861	6	1.79 175	10	2.30 258
3 1/4	1.17 865	6 1/4	1.83 258	12	2.48 490
3 1/2	1.25 276	6 1/2	1.87 180	14	2.63 905
3 3/4	1.32 175	6 3/4	1.90 954	16	2.77 258
4	1.38 629	7	1.94 591	18	2.89 037

TABLEAU GÉNÉRAL DES FORMATIONS DES TERRAINS.

(Extrait de l'explication de la carte géologique de la France par MM. Dufrénoy et Élie de Beaumont, t. 1er, 1841.

ORDRE	SOUS-GROUPE DE FORMATIONS.	FIGURES.	NOMS DES FORMATIONS.
ALLUVIONS.	L'homme existe sur la surface du globe.	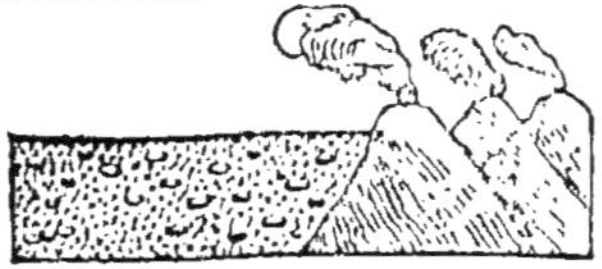	*Terrains d'alluvion*, volcans modernes éteints et brûlants : les grands volcans des Andes ont été soulevés pendant cette période.
TERRAINS TERTIAIRES.	Les mammifères commencent à paraître à la partie inférieure de ce groupe, et deviennent très-abondants vers son milieu.		SYSTÈME DE LA CHAINE PRINCIPALE DES ALPES. DIRECTION : E. 16° N. *Terrain tertiaire supérieur*; terrains subapennins, sables des landes, alluvions anciennes de la Bresse, tuf à ossements de l'Auvergne. Les éruptions de trachytes et de basaltes correspondent, en grande partie, à cette époque.
		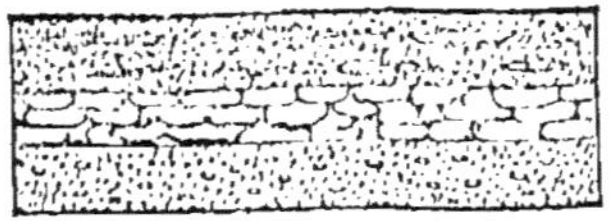	SYSTÈME DES ALPES OCCIDENTALES. DIRECTION : N. 26° E. à S. 26° O. *Terrains tertiaires moyens.* { Faluns de la Touraine. / Calcaire d'eau douce avec meulières : contient beaucoup de lignites dans le midi de la France et en Allemagne. / Grès de Fontainebleau.
		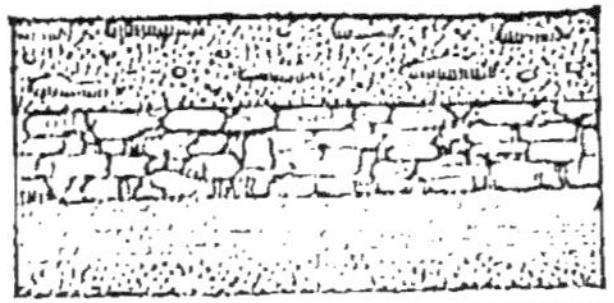	SYSTÈME DES ILES DE CORSE ET DE SARDAIGNE. DIRECTION : N. S. *Terrains tertiaires inférieurs.* { Marnes avec gypse, ossements de mammifères. / Calcaire grossier, pierre de taille de Paris. / Argile plastique, lignites du Soissonnais.

ORDRE	SOUS-GROUPE DE FORMATIONS.	FIGURES.	NOMS DES FORMATIONS.	
TERRAINS	Terrains crétacés.		SYSTÈME DE LA CHAINE DES PYRÉNÉES ET DE CELLE DES APENNINS. DIRECTION : E. 18° S. à O. 18° N.	
			***Craie** supérieure*	Couches avec silex.
				Couches sans silex.
			SYSTÈME DU MONT-VISO. DIRECTION : N.-N.-O. à S.-S.-E.	
			***Craie** inférieure.*	Craie tuffeau.
				Grès **vert.**
				Grès et sables ferrugineux, terrain néocomien, formation wealdienne.
	Terrains de calcaire du Jura. — Abondance considérable de sauriens. — Calcaire oolithique.		SYSTÈME DE LA COTE-D'OR. DIRECTION : E. 40° N. à O. 40° S.	
			Étage supérieur.	Calcaire de Portland.
				Argile de Kimmerigde, argile de Honfleur.
			Étage moyen.	Oolithe d'Oxford, calcaire de Lisieux, coral-rag.
				Argile d'Oxford, argile de Dives.
			Étage inférieur.	Corn-brash et forest-marble (calcaire à polypiers), grande oolithe (calcaire de Caen), fuller's-earth (banc bleu de Caen), oolithe inférieure.
				Marnes et calcaires à bélemnites, marnes supérieures du lias, lignites dans les départements du Tarn et de la Lozère.
			Lias ou calcaire à gryphites.	Calcaire à gryphées arquées.
				Grès du lias, ou infraliasique, dolomies.

ORDRE	SOUS-GROUPE DE FORMATIONS.	FIGURES.	NOMS DES FORMATIONS.
SECONDAIRES.	Trias.		SYSTÈME DU THURINGERWALD. (Les serpentines du centre de la France appartiennent à ce système.) DIRECTION : O. 40° N. à E. 40° S.
			Marnes irisées, avec amas de gypse et de sel. Exploitation de lignites en Alsace, en Lorraine et dans la Haute-Saône.
			Muschelkalk.
			Grès bigarré.
			SYSTÈME DU RHIN. DIRECTION : N. 21° E. à S. 21° O.
			Grès des Vosges.
			SYSTÈME DES PAYS-BAS ET DU SUD DU PAYS DE GALLES. DIRECTION : E. 5° N. à O. 5° S.
			Zechstein (calcaire magnésien des Anglais), schistes à poissons du Mansfeld, riches en cuivre.
			Grès rouge; contient des masses de porphyre et des rognons d'agate.
TERRAINS	Ce groupe est caractérisé par la grande		SYSTÈME DU N. DE L'ANGLETERRE. DIRECTION : S. 5° E. à N. 5° O.
			Terrain houiller. { Grès, schistes avec couches de houille et fer carbonaté. Calcaire carbonifère, ou calcaire bleu, avec couches de houille.

ORDRE	SOUS-GROUPE DE FORMATIONS.	FIGURES.	NOMS DES FORMATIONS.	
DE TRANSITION.	abondance de cryptogames vasculaires et par l'absence presque complète des plantes dicotylédones ; les animaux vertébrés n'y sont représentés que par quelques empreintes de poissons.		SYSTÈME DES BALLONS (Vosges), ET DES COLLINES DU BOCAGE DE LA NORMANDIE. Direction : E. 15° S. à O. 15° N.	
			Terrain de transition supérieur.	Vieux grès rouge des Anglais (Système Devonien.)
				Anthracite de la Sarthe et des environs d'Angers.
			Terrain de transition moyen.	Calcaire des environs de Brest, calcaire de Dudley.
				Schistes (ardoises d'Angers.)
				Grès quartzite, caradoc sandstone des Anglais. (Système silurien.)
		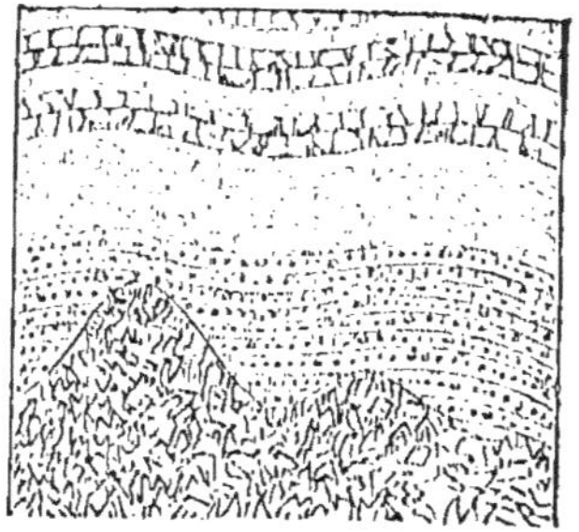	SYSTÈME DU WESTMORELAND ET DU HUNDSRUCK. Direction : E. 55° N. à O. 55° S.	
			Terrain de transition inférieur.	Calcaire compacte esquilleux.
				Schiste argileux. (Système cambrien.)
TERRAINS GRANITIQUES.			GRANITE FORMANT LA BASE PRINCIPALE DE LA CROUTE DU GLOBE.	

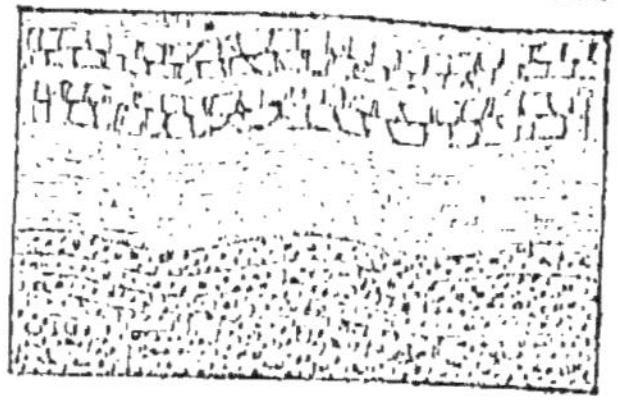

1re et 2e colonnes. *Français.* Degrés centigrades et de Réaumur
1re colonne. *Allemand.* — de Celsius (exactement comme les degrés centigrades).
3e colonne. *Anglais.* — de Fahrenheit.

Centigrades ou Celsius.	Réaumur.	Fahrenheit.	Centigrades ou Celsius.	Réaumur.	Fahrenheit.	Centigrades ou Celsius.	Réaumur.	Fahrenheit.
+260	+208.	+500.	+220	+176.	+428.	+180	+144.	+356.
259	207.20	498.20	219	175.20	426.20	179	143.20	354.20
258	206.40	496.40	218	174.40	424.40	178	142.40	352.40
257	205.60	494.60	217	173.60	422.60	177	141.60	350.60
256	204.80	492.80	216	172.80	420.80	176	140.80	348.80
255	204.	491.	215	172.	419.	175	140.	347.
254	203.20	489.20	214	171.20	417.20	174	139.20	345.20
253	202.40	487.40	213	170.40	413.40	173	138.40	343.40
252	201.60	485.60	212	169.60	413.60	172	137.60	341.60
251	200.80	483.80	211	168.80	411.80	171	136.80	339.80
250	200.	482.	210	168.	410.	170	136.	338.
249	199.20	480.20	209	167.20	408.20	169	135.20	336.20
248	198.40	478.40	208	166.40	406.40	168	134.40	334.40
247	197.60	476.60	207	165.60	404.60	167	133.60	332.60
246	196.80	474.80	206	164.80	402.80	166	132.80	330.80
245	196.	473.	205	164.	401.	165	132.	329.
244	195.20	471.20	204	163.20	399.20	164	131.20	327.20
243	194.40	469.40	203	162.40	397.40	163	130.40	325.40
242	193.60	467.60	202	161.60	395.60	162	129.60	323.60
241	192.80	465.80	201	160.80	393.80	161	128.80	321.80
240	192.	464.	200	160.	392.	160	128.	320.
239	191.20	462.20	199	159.20	390.20	159	127.20	318.20
238	190.40	460.40	198	158.40	388.40	158	126.40	316.40
237	189.60	458.60	197	157.60	386.60	157	125.60	314.60
236	188.80	456.80	196	156.80	384.80	156	124.80	312.80
235	188.	455.	195	156.	383.	155	124.	311.
234	187.20	453.20	194	155.20	381.20	154	123.20	309.20
233	186.40	451.40	193	154.40	379.40	153	122.40	307.40
232	185.60	449.60	192	153.60	377.60	152	121.60	305.60
231	184.80	447.80	191	152.80	375.80	151	120.80	303.80
230	184.	446.	190	152.	374.	150	120.	302.
229	183.20	444.20	189	151.20	372.20	149	119.20	300.20
228	182.40	442.40	188	150.40	370.40	148	118.40	298.40
227	181.60	440.60	187	149.60	368.60	147	117.60	296.60
226	180.80	438.80	186	148.80	366.80	146	116.80	294.80
225	180.	437.	185	148.	365.	145	116.	293.
224	179.20	435.20	184	147.20	363.20	144	115.20	291.20
223	178.40	433.40	183	146.40	361.40	143	114.40	289.40
222	177.60	431.60	182	145.60	359.60	142	113.60	287.60
221	176.80	429.80	181	144.80	357.80	141	112.80	285.80

Centigrades ou Celsius.	Réaumur.	Fahrenheit.	Centigrades ou Celsius.	Réaumur.	Fahrenheit.	Centigrades ou Celsius.	Réaumur.	Fahrenheit.
+140	+112.	+284.	+90	+72.	+194.	+40	+32.	+104.
139	111.20	282.20	89	71.20	192.20	39	31.20	102.20
138	110.40	280.40	88	70.40	190.40	38	30.40	100.40
137	109.60	278.60	87	69.60	188.60	37	29.60	98.60
136	108.80	276.80	86	68.80	186.80	36	28.80	96.80
135	108.	275.	85	68.	185.	35	28.	95.
134	107.20	273.20	84	67.20	183.20	34	27.20	93.20
133	106.40	271.40	83	66.40	181.40	33	26.40	91.40
132	105.60	269.60	82	65 60	179.60	32	25.60	89.60
131	104.80	267.80	81	64.80	177.80	31	24.80	87.80
130	104.	266.	80	64.	176.	30	24.	86.
129	103.20	264.20	79	63.20	174.20	29	23.20	84.80
128	102.40	262.40	78	62.40	172.40	28	22.40	82.40
127	101.60	260.60	77	61.60	170.60	27	21.60	80 60
126	100.80	258.80	76	60.80	168.80	26	20.80	78.80
125	100.	257.	75	60.	167.	25	20.	77.
124	99.20	255.20	74	59.20	165.20	24	19.20	75.20
123	98.40	253.40	73	58.40	163.40	23	18.40	73.40
122	97.60	251.60	72	57.60	161.60	22	17.60	71.60
121	96.80	249.80	71	56.80	159.80	21	16.80	69.80
120	96.	248.	70	56.	158.	20	16.	68.
119	95.20	246.20	69	55.20	156.20	19	15.20	66.20
118	94.40	244.40	68	54.40	154.40	18	14.40	64.40
117	93.60	242.60	67	53.60	152.60	17	13.60	62.60
116	92.80	240.80	66	52.80	150.80	16	12.80	60.80
115	92.	239.	65	52.	149.	15	12.	59.
114	91.20	237.20	64	51.20	147.20	14	11.20	57.20
113	90.40	235.40	63	50.40	145.40	13	10.40	55.40
112	89.60	233.60	62	49.60	143.60	12	9.60	53.60
111	88.80	231.80	61	48.80	141.80	11	8.80	51.80
110	88.	230.	60	48.	140.	10	8.	50.
109	87.20	228.20	59	47.20	138.20	9	7.20	48.20
108	86.40	226.40	58	46.40	136.40	8	6.40	46.40
107	85.60	224.60	57	45.60	134.60	7	5.60	44.60
106	84.80	222.80	56	44.80	132.80	6	4.80	42.80
105	84.	221.	55	44.	131.	5	4.	41.
104	83.20	219.20	54	43.20	129.20	4	3.20	39.20
103	82.40	217.40	53	42.40	127.40	3	2.40	37.40
102	81.60	215.60	52	41.60	125.60	2	1.60	35.60
101	80.80	213.80	51	40.80	123.80	1	0.80	33.80
100	80.	212.	50	40.	122.	0	0.	32.
99	79.20	210.20	49	39.20	120.20	— 1	— 0.80	30.20
98	78.40	208.40	48	38.40	118.40	2	1.60	28.40
97	77.60	206.60	47	37.60	116.60	3	2.40	26.60
96	76.80	204.80	46	36.80	114.80	4	3.20	24.80
95	76.	203.	45	36.	113.	5	4.	23.
94	75.20	201.20	44	35.20	111.20	6	4.80	21.20
93	74.40	199.40	43	34.40	109.40	7	5.60	19.40
92	73.60	197.60	42	33.60	107.60	8	6.40	17.60
91	72.80	195.80	41	32.80	105.80	9	7.20	15.80
						10	8.	14.

Centigrades ou Celsius.	Réaumur.	Fahrenheit.	Centigrades ou Celsius.	Réaumur.	Fahrenheit.	Centigrades ou Celsius.	Réaumur.	Fahrenheit.
—11	— 8.80	+12.20	—31	—24.80	—23.80	—51	—40.80	—59.80
12	9.60	10.40	32	25.60	25.60	52	41.60	61.60
13	10.40	8.60	33	26.40	27.40	53	42.40	63.40
14	11.20	6.80	34	27.20	29.20	54	43.20	65.20
15	12.	5.	35	28.	31.	55	44.	67.
16	12.80	3.20	36	28.80	32.80	56	44.80	68.80
17	13.60	— 1.40	37	29.60	34.60	57	45.60	70.60
18	14.40	0.40	38	30.40	36.40	58	46.40	72.40
19	15.20	2.20	39	31.20	38.20	59	47.20	74.20
20	16.	4.	40	32.	40.	60	48.	76.
21	16.80	5.80	41	32.80	41.80	61	48.80	77.80
22	17.60	7.60	42	33.60	43.60	62	49.60	79.60
23	18.40	9.40	43	34.40	45.40	63	50.40	81.40
24	19.20	11.20	44	35.20	47.20	64	51.20	83.20
25	20	13.	45	36.	49.	65	52.	85.
26	20.80	14.80	46	36.80	50.80	66	52.80	86.80
27	21.60	16.60	47	37.60	52.60	67	53.60	88.60
28	22.40	18.40	48	38.40	54.40	68	54.40	90.40
29	23.20	20.20	49	39.20	56.20	69	55.20	92.20
30	24.	22.	50	40.	58.	70	56.	94.

Réduction de l'aréomètre de Baumé.

(Extrait de Dingler's *Polylecnich Journal.* Bd 27. S. 451.)

Degrés de l'aréomètre.	Pesanteur spécifique.	Degrés de l'aréomètre.	Pesanteur spécifique.	Degrés de l'aréomètre.	Pesanteur spécifique.	Degrés de l'aréomètre.	Pesanteur spécifique.	Degrés de l'aréomètre.	Pesanteur spécifique.
0	1.0000	16	1.1239	32	1.2828	48	1.4941	64	1.7888
1	0069	17	1326	33	2943	49	5097	65	8111
2	0139	18	1415	34	3059	50	5255	66	8340
3	0211	19	1506	35	3177	51	5417	67	8574
4	0283	20	1598	36	3298	52	5583	68	8815
5	0356	21	1691	37	3421	53	5752	69	9062
6	0431	22	1786	38	3546	54	5925	70	9316
7	0506	23	1883	39	3674	55	6101	71	9577
8	0583	24	1981	40	3804	56	6282	72	9844
9	0661	25	2080	41	3937	57	6467	73	2.0119
10	0740	26	2182	42	4072	58	6656	74	0402
11	0820	27	2285	43	4210	59	6849	75	0693
12	0901	28	2390	44	4350	60	7047	76	0992
13	0983	29	2497	45	4493	61	7250	77	1301
14	1067	30	2605	46	4640	62	7457		
15	1152	31	2716	47	4789	63	7669		

Réduction de l'aréomètre de Cartier.

(Extrait de Dinglers *Polytecnich Journal.* Bd 37. S. 451)

Degrés de l'aréomètre.	Pesanteur spécifique.	Degrés de l'aréomètre.	Pesanteur spécifique.	Degrés de l'aréomètre.	Pesanteur spécifique.	Degrés de l'aréomètre.	Pesanteur spécifique.	Degrés de l'aréomètre.	Pesanteur spécifique.
10	1.000	17	0.949	24	0.903	31	0 862	38	0 825
11	0.992	18	942	25	897	32	856	39	819
12	985	19	935	26	891	33	851	40	814
13	977	20	929	27	885	34	845	41	809
14	970	21	922	28	879	35	840	42	804
15	963	22	916	29	872	36	835	43	799
16	956	23	909	30	867	37	830	44	794

Termes de fusion de différents corps ou degrés du thermomètre centigrade.

DÉSIGNATION DES CORPS.		NOMS des Observateurs.
Plomb	260. 0	Biot.
Bismuth	238. 0	Newton.
Etain	219. 0	Newton.
	212. 0	Biot.
Alliage de 8 parties avec une de bismuth	200. 0	Newton.
— 2 d'étain, 1 de bismuth	167. 7	Newton.
— 3 d'étain, 2 de plomb	167. 7	Newton.
— 1 d'étain, 1 de bismuth	141. 2	Newton.
— 1 de plomb, 4 d'étain, 5 de bismuth	118. 9	Newton.
Soufre	109. 0	Gay-Lussac.
2 de plomb, 3 d'étain, 5 de bismuth	100. 0	Newton.
Sodium	90. 0	Gay et Thénard.
Cire	60. 0	Newton.
Cire blanche	68. 33	Nicholson.
Potassium	58. 0	Gay et Thénard.
Phosphore	43. 0	Thénard.
Suc	33. 33	Thompson.
Glace	0. 0	
Huile de térébenthine	10. 0	Thompson.
Mercure	39. 0	Cavendish.

Termes d'ébullition de divers liquides en degré du thermomètre centigrade.

DÉSIGNATION DES LIQUIDES.	densités.		NOMS des Observateurs.
Ether sulfurique.	0.7365 à 9°.	37° 8	Gay-Lussac.
Soufre carburé.		45. 0	Gay-Lussac.
Alcool.	0.8151 à 9°.	79. 7	Gay-Lussac.
Dissolution saturée de sulfate de soude.		100.74	Biot.
—— de muriate de soude.		106.86	Biot.
—— d'acétate de plomb.		102.04	Biot.
Phosphore.		290. 0	
Huile de térébenthine.		293. 0	
Soufre		299. 0	
Acide sulfurique.		310. 0	
Huile de lin.		316. 0	
Mercure..		349. 0	

Capacités calorifiques de quelques corps solides et gazeux.

On appelle *capacité* d'un corps pour la chaleur, ou *chaleur spécifique*, la quantité de chaleur qu'exige ce corps pris sous l'unité de poids ou de volume, pour varier de l'unité de température.

Tableau des capacités calorifiques par MM. Petit et Dulong.

NOMS DES SUBSTANCES.	Capacités moyennes entre 0° et 100°.	Capacités moyennes entre 0° et 300°.
Eau.	1.0000	»
Mercure	0.0330	0.0350
Platine.	0.0335	0.0355
Antimoine.	0.0507	0.0517
Argent.	0.0557	0.0611
Zinc.	0.0927	0.1015
Cuivre.	0.0[illegible]40	0.1013
Fer.	0.1098	0.1218
Verre.	0.1770	0.1900

Chaleur spécifique de différents gaz et sous une même pression.

NOMS DES GAZ.	La chaleur spécifique de l'air étant prise pour unité.		La chaleur spécifique de l'eau étant prise pour unité.
	à volumes égaux.	à poids égaux.	
Air atmosphérique	1.0000	1.0000	0.2669
Hydrogène.	0.9033	12.3401	3.2936
Acide carbonique.	1.2583	0.8280	0.2210
Oxigène.	0.9765	0.8848	0.2361
Azote.	1.0000	1.0318	0.2754
Oxyde d'azote.	1.3503	0.8878	0.2369
Hydrogène carboné.	1.5530	1.5763	0.4207
Oxyde de carbone	1.0340	1.0805	0.2884
Vapeur d'eau.	1.9600	3.1360	0.8470

QUANTITÉS DE CHALEUR DÉVELOPPÉES PAR UN KILOGRAMME DES DIVERS COMBUSTIBLES.

(*Extrait du Traité des Machines à Vapeur de Bataille et Jullien.*—1846-47.)

NATURE DES COMBUSTIBLES.	COMPOSITION de la partie combustible.	Quantités de chaleur développées en calories.	OBSERVATIONS.
Hydrogène carboné. . .	Hydrogène. 0 25 Carbone. . 0 75	6622	Dalton.
Gaz oléfiant.	Hydrogène. 0 $\frac{1}{7}$ Carbone. . 0 $\frac{6}{7}$	6833	Dalton.
Oxyde de carbone. . .	Carbone. . 0 43	1944	Dalton.
Alcool.	Hydrogène. 0 1224 Carbone. . 0 4785	6194	Rumfort.
Ether sulfurique. . . .	Hydrogène. 0 133 Carbone. . 0 596	8030	Rumfort.
Huile de térébenthine. .	Hydrogène. 0 0962 Carbone. . 0 825	4667	Dalton.
Naphte.	Hydrogène. 0 123 Carbone. . 0 83	7333	Rumford.
Huile d'olive.	Hydrogène. 0 1336 Carbone. . 0 702	9000	Rumford.
Huile de navette ou de colza.	. . . .	9300	Rumford.
Cire jaune.	. . . .	10344	Laplace.
Cire blanche.	. . . .	9820	Rumford.
Suif.	. . . .	8370	Rumford.
Houille collante de New-castle.	Hydrogène. 0 0416 Carbone. . 0 7516	5123	Watt.
Houille, *dite* Cherry de Glascow.	Hydrogène. 0 100 Carbone. . 0 666	6776	Tredgold.
Houille à feuillets de Glascow.	Hydrogène. 0 044 Carbone. . 0 568	4630	Tredgold.
Houille à longue flamme. Cannel coal des environs de Coventry. . .	Hydrogène. 0 200 Carbone. . 0 626	9501	Tredgold.
Cannel coal de Woodhall, près de Glascow. . .	Hydrogène. 0 039 Carbone. . 0 722	5424	Tredgold.
Charbon de bois sec ou distillé.	. . . .	7050	
Charbon de bois ordinaire	. . . .	6000	Contenant 0,20 d'eau.
Coke pur.	. . . .	7050	
Houille de 1re qualité.	. . . .	7050	id. 0,02 cendres.
Houille de 2e qualité. .	. . . .	5345	id. 0.10 d°
Houille de 3e qualité. .	. . . .	5932	id. 0,20 d°
Bois séché au feu. . . .	. . . .	3566	id. 0.52 charbon.
Bois séché à l'air. . . .	. . . .	2945	id. 0,20 d'eau.
Tourbe ordinaire. . . .	. . . .	1500	*Extrait de l'Aide-Mémoire de mécanique pratique de M. Morin.*
Tourbe de 1re qualité. .	. . . .	3000	*Extrait de l'Aide-Mémoire de mécanique pratique de M. Morin.*

Tableau du froid produit par quelques mélanges frigorifiques.

DÉSIGNATION DES MÉLANGES.	ABAISSEMENT de TEMPÉRATURE.	FROID produit.
Eau, 16 parties; nitre, 5; hydrochlorate d'ammoniaque, 5.	de + 10° à — 12°	22°
Eau, 16; hydrochlorate d'ammoniaque, 5; nitre, 5; sulfate de soude, 8.	de + 10° à — 16°	26°
Eau, 1; nitrate d'ammoniaque, 1.	de + 10° à — 16°	26°
Eau, 1; nitrate d'ammoniaque, 1; sous-carbonate de soude.	de + 10° à — 19°	29°
Eau, 4; chlorure de potassium, 57; chlorhydrate d'ammoniaque, 32; nitrate de potasse, 20. .	»	45°
Neige ou glace pilée, 2; sel marin, 1.. . . .	»	20°
Neige ou glace pilée, 5; sel marin, 2; sel ammoniac, 1.	»	24°
Neige ou glace pilée, 24; sel marin, 10; sel ammoniac, 5; nitre, 5.	»	28°
Neige ou glace pilée, 12; sel marin, 5; nitrate d'ammoniaque, 5..	»	31°
Sulfate de soude, 3; acide azotique étendu, 2. .	de + 10° à — 19°	29°
Sulfate de soude, 6; sel ammoniac, 4, nitre, 2; acide azotique étendu, 4.	de + 10° à — 23°	33°
Sulfate de soude, 6; nitrate d'ammoniaque, 5; acide azotique étendu, 4..	de + 10° à — 26°	36°
Phosphate de soude, 9; acide azotique étendu, 4.	de + 10° à — 29°	39°
Sulfate de soude, 20; acide sulfurique à 36°, 16.	de + 10° à — 8°,45	18°, 45
Sulfate de soude, 22; résidu d'éther à 33°,17. .	de + 10° à — 8°	18°
Sulfate de soude, 8; acide chlorhydrique, 5.. .	de + 10° à — 17°	27°

Températures correspondantes aux différents degrés de chaleur rouge connus dans les arts.

	Degrés centig.		Degrés centig.
Rouge naissant.............	525	Orange foncé.............	1.100
Rouge sombre..............	700	Orange clair..............	1.200
Cerise naissant............	800	Blanc.....................	1.300
Cerise.....................	900	Blanc suant...............	1.400
Cerise clair...............	1.000	Blanc éblouissant..........	1.500

Dilatations linéaires qu'éprouvent différentes substances, depuis le terme de la congélation de l'eau, jusqu'a celui de son ébullition.

SUBSTANCES.	En décimales.	En fractions ordinaires.
Acier non trempé..................	0.0 010 791	1/927
Argent de coupelle.................	0.0 019 097	1/523
Cuivre............................	0.0 017 173	1/582
Cuivre jaune ou laiton..............	0.0 018 782	1/533
Etain de Falmouth.................	0.0 021 730	1/462
Fer doux, forgé....................	0.0 012 205	1/819
Fer passé a la filière...............	0.0 012 350	1/812
Or de départ......................	0.0 014 661	1/682
Plomb............................	0.0 028 484	1/356
Platine...........................	0.0 008 565	1/1167
Flint glass anglais.................	0.0 008 117	1/1246
Verre de Saint-Gobin...............	0.0 008 909	1/1122

Dilatation en volume depuis zéro jusqu'a l'eau bouillante.

Mercure..........................	0.0 180 18	100/5550
Eau..............................	0.0 433	1/23
Alcool...........................	0.1 100	1/9
Tous les gaz......................	0.375	100/267

Puissances calorifiques et pouvoirs rayonnants des différents combustibles, avec les volumes d'air nécessaires à leur combustion, et ceux qui se dégagent par les cheminées, pour 1 kilogramme de combustible.

(Extrait du *Traité de la chaleur*, par M. PECLET, 2e éd., 1843.)

DÉSIGNATION des combustibles.	Puissances calorifiques.	Pouvoirs rayonnants.	Volumes d'air froid.	Volumes de gaz qui se dégagent ($1\frac{1}{4}$ at.)
Bois sec....................	3 600	0.28	6.75	7.34
Bois ordinaire à 0,20 d'eau....	2 800	0.25	5.40	6.11
Charbon de bois.............	7 000	0.50	16.40	16.40
Tourbe sèche................	4 800	0.25	11.28	11.73
Tourbe à 0,20 d'eau..........	3 600	0.25	9.02	9.65
Charbon de tourbe............	5 800	0.50	13.20	13.20
Houille moyenne.............	7 500	Plus que le charbon de bois. . .	18.10	18.44
Coke à 0,15 de cendres.......	6 000		15.00	15.00

Tableau de la vapeur produite par 1 kilogramme de combustible.

DÉSIGNATION DES COMBUSTIBLES.	Vapeur produite par 1 kilog. de combustible.	Puissances calorifiques relatives.	PRESSION DE LA VAPEUR.
	k.	k.	
Houille grasse de Mons.	5,00	0.86	4 à 5 atmosphères.
Idem..	6.25	0,00	1 atmosphère.
Idem..	7,00	1,12	Evaporation à basse température.
Houille très-cassante, en petits morceaux	4,50	0.72	Haute pression.
Idem..	5.00	0 80	Basse pression.
Coke fabriqué au four (1re qualité). . .	4,65	0,74	Haute pression (chaudière ordin.)
Idem..	5,80	0,92	Locomotives.
Bois de sapin et de hêtre, de 13 mois. .	2,70	0,43	Basse pression.
Bois de chêne.	2,50	0.40	*Idem*.
Charbon de bois.	6,00	0,96	*Idem*.
Lignite.	3.50	0.56	*Idem*.
Tourbe (1re qualité).	2,70	0,43	*Idem*.
Id. compacte, comprimée. . . .	4.00	0.64	*Idem*.
Id. tannée, séchée.	2.00	0,32	*Idem*.

Tableau des valeurs moyennes d'un coefficient k *pour des machines sans détente ni condensation, en bon état ordinaire d'entretien.*

FORCE DE LA MACHINE.	VALEUR DE K.
De 4 à 8 chevaux.	0 61
De 10 à 20 chevaux.	0 70
De 30 à 50 chevaux.	0 79
De 60 à 100 chevaux.	0 85

COMPARAISON DES PUISSANCES DYNAMIQUES DES GAZ.

SUBSTANCES.	DENSITÉ des gaz, celle de l'air étant 1.	DENSITÉ du liquide, celle de l'eau étant 1.	TEMPÉRATURE en degrés centigrades.	FORCE en atmosphères.	PUISSANCES dynamiques de poids égaux de gaz.
Gaz acide carbonique.	1,527	0,83	0°	36	440
— sulfureux.	2,777	1,43	7,2	3	394
— hydrosulfurique.	1,192	0,9	10	17	581
Oxyde de chlore.	2,365	»	»	»	»
Deutoxyde d'azote.	1,527	»	7,2	50	»
Cyanogène.	1,818	0,9	7,2	3,6	381
Ammoniaque.	0,5962	0,76	10	6,5	983
Acide hydrochlorique.	1,285	»	10	40	»
Chlore.	2,496	1,33	10	4	406
Vapeur d'eau.	0,4545	1,00	100	1	1694

Vitesse d'écoulement dans l'air d'un mélange d'eau et de vapeur.

Composition du mélange.		Densité du mélange ou poids du mètre cube.	Vitesse d'écoulement à la pression de					
Vapeur.	Eau.		1 atm. effectif	2 atm. effect.	3 atm. effect.	4 atm. effect.	5 atm. effect.	6 atm. effect.
			m.	m.	m.	m.	m.	m.
1 00	0.00	2.57	279	397	486	562	628	688
0.9998	0.0002	2.76	270	383	470	542	606	664
0.999	0.001	3.50	239	340	417	483	538	590
0.994	0.006	8.13	150	223	273	316	353	387
0.99	0.01	11.84	120	185	227	276	292	320
0.98	0.02	21.12	98	139	170	195	219	240
0.97	0 03	30.40	80	116	141	164	182	200
0.95	0.05	48.94	66	91	112	129	143	157
0.93	0.07	67.40	53	77	95	110	122	134
0.90	0 10	95.30	44	65	80	92	103	113
0.85	0.15	141.60	35	54	66	75	85	92
0.80	0 20	188.00	31	46	57	65	73	80
0 75	0 25	234.40	29	42	51	59	66	72
0.65	0.35	326.70	25	35	43	50	55	61
0.50	0.50	466.30	20	29	36	42	46	51
0.25	0.75	697.60	17	24	30	34	38	42
0.00	1.00	930.00	15	21	26	29	82	36

Tableau des pressions exercées par le vent à différentes vitesses contre une surface d'un mètre carré, choquée directement.

DÉSIGNATION DES VENTS.	Vitesse en kilomètres par heure.	Vitesse en mètres par seconde.	Pression exercée sur un mètre carré.
	kil.	mèt.	kil.
Vent faible.	7.20	2, »	0,54
Vent frais ou brise (tend bien les voiles).	21,60	6, »	4.87
Vent le plus convenable aux moulins. .	25,20	7, »	6,64
Bon frais (convenable pour la marche en mer).	32,40	9, »	10,97
Grand frais, (fait serrer les hautes voiles).	43,20	12, »	19,50
Vent très-fort.	54, »	15, »	30,47
Vent impétueux.	72, »	20, »	54,16
Tempête.	86,40	24, »	78, »
Tempête violente.	108.18	30 05	122,28
Ouragan.	130,14	36.15	176,96
Grand ouragan.	163,08	45,30	277,87

Pressions atmosphériques sur des surfaces métriques carrées et circulaires.

Nombre de centimètres	Poids des surfaces carrées.	Poids des surfaces circul.	Nombre de centimètres	Poids des surfaces carrées.	Poids des surfaces circul.	Nombre de centimètres	Poids des surfaces carrées.	Poids des surfaces circul.
1	1.0325	0.811	7	7.227	5,676	40	41.300	32.437
2	2.0650	1.622	8	8.260	6.487	50	51.625	40.546
3	3.097	2.433	9	9.292	7.298	60	61.950	48.655
4	4.130	3.244	10	10.325	8.109	70	72.275	56.764
5	5.162	4.055	20	20.650	16.218	80	82.600	64.874
6	6.195	4.865	30	30.975	24.328	90	92.925	72.983

Pressions en kilogrammes sur un centimètre carré, correspondantes aux pressions exprimées en livres anglaises sur un pouce carré.

Liv.	Kilog.	Liv.	Kilog.	Liv.	Kilog.	Liv.	Kilog.
1	0.0703	26	1.83	51	3.58	76	5.34
2	0.1406	27	1.90	52	3.65	77	5.41
3	0.2108	28	1.97	53	3.72	78	5.48
4	0.2811	29	2.04	54	3.80	79	5.55
5	0.3514	30	2.11	55	3.87	80	5.62
6	0.4217	31	2.18	56	3.94	81	5.69
7	0.4920	32	2.25	57	4.00	82	5.76
8	0.5622	33	2.32	58	4.08	83	5.83
9	0.6325	34	2.39	59	4.15	84	5.90
10	0.7028	35	2.46	60	4.22	85	5.97
11	0.7731	36	2.53	61	4.29	86	6.04
12	0.8434	37	2.60	62	4.36	87	6.11
13	0.9137	38	2.67	63	4.43	88	6.18
14	0.9839	39	2.74	64	4.50	89	6.25
15	1.0542	40	2.81	65	4.57	90	6.33
16	1.1245	41	2.88	66	4.64	91	6.40
17	1.1948	42	2.95	67	4.71	92	6.47
18	1.2651	43	3.02	68	4.78	93	6.54
19	1.3353	44	3.09	69	4.85	94	6.61
20	1.4056	45	3.16	70	4.92	95	6.68
21	1.48	46	3.23	71	4.99	96	6.75
22	1.55	47	3.30	72	5.06	97	6.82
23	1.62	48	3.37	73	5.13	98	6.89
24	1.69	49	3.44	74	5.20	99	6.96
25	1.76	50	3.51	75	5.27	100	7.03

Températures et volumes de la vapeur à diverses pressions.

(Extrait du *Guide du Mécanicien, etc.*, de MM. FLACHAT et PETIET 1840.)

PRESSIONS DE LA VAPEUR à sa naissance.			TEMPÉRATURES en degrés centigrades correspondantes aux diverses pressions.	VOLUME en litres d'un kilogram. de vapeur à la pression indiquée et à sa température réelle.	POIDS du mètre cube de vapeur.
En atmosphères.	En mètres de mercure.	En kilogrammes par mètre carré.			
10.00	7.60	103 360	182.00	207.98	4.808
9.00	6.84	93 020	177.40	228.72	4.373
8.00	6.08	82 680	172.13	254.27	3.934
7.00	5.32	72 350	166.42	286.70	3.488
6.75	5.13	69 770	164.84	296.35	3.374
6.50	4.94	67 190	163.25	306.62	3.261
6.25	4.75	64 610	161.54	317.58	3.149
6.00	4.56	62 010	160.00	329.65	3.033
5.75	4.37	59 430	158.30	342.76	2.917
5.50	4.18	56 850	156.70	356.86	2.802
5.25	3.99	53 270	155.00	372.32	2.690
5.00	3.80	51 680	153.30	389.38	2.568
4.75	3.61	49 100	151.15	406.76	2.457
4.50	3.42	46 520	149.15	428.36	2.334
4.25	3.23	43 940	146.76	450.96	2.217
4.00	3.04	41 340	144.95	477.05	2.096
3.75	2.85	38 760	142.70	506.15	1.972
3.50	2.66	36 180	140.35	539.10	1.855
3.25	2.47	33 600	137.70	576.83	1.734
3.00	2.28	31 000	135.00	620.74	1.611
2.75	2.09	28 420	132.15	672.36	1.487
2.50	1.90	25 840	128.85	733.45	1.363
2.25	1.71	23 260	125.50	808.00	1.238
2.00	1.52	20 670	121.55	899.91	1.111
1.75	1.33	18 090	117.10	1 016.66	0.984
1.50	1.14	15 510	112.40	1 171.59	0.854
1.25	0.95	12 930	106.60	1 384.36	0.722
1.00	0.76	10 340	100.00	1 700.00	0.588
0.75	0.57	7 760	92.00	2 217.20	0.451
0.50	0.38	5 180	82.00	3 229.36	0.310
0.25	0.19	2 600	66.00	6 198.38	0.161

Poids de la vapeur renfermée dans 1 mètre cube d'air saturé à différentes températures, sous la pression de $0^m,76$.

(Extrait du *Traité de la Chaleur* de M. PERLET, 2e édit., 1843.)

Température.	Poids en grammes.	Température.	Poids en grammes.
0°	5.2	10°	9.50
5	7.2	15	12.83

Température.	Poids en grammes.	Température.	Poids en grammes.
20°	16.78	65°	127.20
25	22.01	70	141.96
30	28.51	75	173.74
35	37.00	80	199.24
40	46.40	85	227.20
45	58.00	90	231.34
50	63.63	95	273.78
55	88.74	100	295.
60	105.84		

Volumes écoulés pour que la vapeur renfermée dans un vase d'un mètre cube de capacité passe successivement à toutes les pressions depuis cinq atmosphères jusqu'à la pression atmosphérique, — et volumes totaux écoulés pour que la vapeur se détende à la pression atmosphérique.

(Extrait du *Guide du Mécanicien* de MM. Flachat et Petiet, 1840.)

PRESSION absolue en atmosphères.	POIDS du mètre cube de vapeur aux pressions absolues indiquées.	DIFFÉRENCES de poids du mètre cube de vapeur entre deux pressions absolues successives.	VOLUME du poids de vapeur écoulé rapporté à la pression moyenne de la vapeur.	VOLUME TOTAL qui doit s'écouler pour que le mètre cube de vapeur aux diverses pressions se soit détendu à la pression atmosphérique.
atm.	kil.	kil.	m. c.	m. c.
5.	2.5682	0.1168	0.0465	1.4720
4.75	2.4514	0.1169	0.0489	1.4255
4.50	2.3345	0.1170	0.0514	1.3766
4.25	2.2175	0.1213	0.0562	1.3252
4.00	2.0962	0.1205	0.0592	1.2690
3.75	1.9757	0.1208	0.0631	1.2098
3.50	1.8549	0.1213	0.0674	1.1467
3.25	1.7336	0.1224	0.0732	1.0793
3.00	1.6110	0.1237	0.0799	1.0061
2.75	1.4873	0.1239	0.0870	0.9262
2.50	1.3634	0.1258	0.0968	0.8392
2.25	1.2376	0.1264	0.1075	0.7424
2.00	1.1112	0.1276	0.1218	0.6349
1.75	0.9836	0.1300	0.1415	0.5131
1.50	0.8536	0.0787	0.0961	0.3716
1.35	0.7749	0.0525	0.0701	0.2755
1.25	0.7224	0.0268	0.0378	0.2054
1.20	0.6956	0.0269	0.0394	0.1676
1.15	0.6687	0.0268	0.0409	0.1282
1.10	0.6419	4.0269	0.0428	0.0873
1.05	0.6150	0.0268	0.0445	0.0445
1.00	0.5882			

Quantités de travail totales produites, sous différentes détentes, par 1 mètre cube de vapeur d'eau prise à la tension de 1 atmosphère.

(Extrait de l'*Introduction à la mécanique industrielle* de M. PONCELET, 2e édit. 1841.)

Volume après la détente.	Quantité de travail correspondante.	Volume après la détente.	Quantité de travail correspondante.	Volume après la détente.	Quantité de travail correspondante.	Volume après la détente.	Quantité de travail correspondante.	Volume après la détente.	Quantité de travail correspondante.	Volume après la détente.	Quantité de travail correspondante.
m. c.	km.	m. c.	km.	m. c.	km.	m. c	km.	m. c.	km.	m. c.	km.
1.00	10.333	1.20	12.217	2.00	17.496	3.40	22.979	5.40	27.759	9.50	33.597
1.01	10.436	1.21	12.303	2.05	17.751	3.50	23.279	5.50	27.949	9.75	33.865
1.02	10.538	1.22	12.388	2.10	18.000	3.60	23.570	5.60	28.135	10.00	34.127
1.03	10.639	1.23	12.472	2.15	18.243	3.70	23.853	5.70	28.318	15.00	38.317
1.04	10.739	1.24	12.556	2.20	18.481	3.80	24.128	5.80	28.498	20.00	41.289
1.05	10.837	1.25	12.639	2.25	18.713	3.90	24.397	5.90	28.674	25.00	43.595
1.06	10.935	1.30	13.044	2.30	18.940	4.00	24.658	6.00	28.848	50.00	50.758
1.07	11.032	1.35	13.434	2.35	19.162	4.10	24.914	6.25	29.270	100.00	57.920
1.08	11.129	1.40	13.810	2.40	19.380	4.20	25.163	6.50	29.675		
1.09	11.224	1.45	14.173	2.45	19.593	4.30	25.406	6.75	30.065		
1.10	11.318	1.50	14.523	2.50	19.802	4.40	25.643	7.00	30.441		
1.11	11.412	1.55	14.862	2.55	20.006	4.50	25.875	7.25	30.804		
1.12	11.506	1.60	15.190	2.60	20.207	4.60	26.103	7.50	31.154		
1.13	11.596	1.65	15.508	2.70	20.597	4.70	26.325	7.75	31.493		
1.14	11.687	1.70	15.816	2.80	20.973	4.80	26.542	8.00	31.820		
1.15	11.778	1.75	16.116	2.90	21.335	4.90	26.755	8.25	32.139		
1.16	11.867	1.80	16.407	3.00	21.686	5.00	26.964	8.50	32.447		
1.17	11.956	1.85	16.690	3.10	22.024	5.10	27.169	8.75	32.747		
1.18	12.044	1.90	16.966	3.20	22.353	5.20	27.369	9.00	33.038		
1.19	12.131	1.95	17.234	3.30	22.671	5.30	27.566	9.25	33.321		

Densités de la vapeur à diverses tensions, la densité de la vapeur à la pression atmosphérique et à 100° étant 1.

(Extrait du *Guide du mécanicien conducteur de locomotives*, de MM. FLACHAT et PETIET 1840.)

Tensions absolues de la vapeur.	Densités de la vapeur.	Tensions absolues de la vapeur.	Densités de la vapeur.	Tensions absolues de la vapeur.	Densités de la vapeur.	Tensions absolues de la vapeur.	Densités de la vapeur.
1.at.	1 000	at.		at.		at.	
1.05	1.046	1.65	1.584	2 25	2.102	2.85	2.612
1.10	1.091	1.70	1.628	2.30	2.145	2.90	2.655
1.15	1.137	1.75	1.672	2.35	2.188	2.95	2.697
1.20	1.182	1.80	1.715	2.40	2.232	3.00	2.739
1.25	1.228	1.85	1.759	2.45	2.275	3.25	2.947
1.30	1.273	1.90	1 802	2.50	2 318	3 50	3.153
1.35	1.317	1.95	1 845	2.55	2.360	3.75	3.359
1.40	1.362	2.00	1.889	2 60	2.402	4.00	3.563
1.45	1.406	2.05	1.932	2.65	2.444	4.25	3.769
1.50	1.451	2.10	1 974	2.70	2.486	4.50	3.969
1.55	1.495	2.15	2.017	2.75	2.528	4.75	4.167
1.60	1.539	2.20	2 059	2.80	2.570	5.00	4.366

Poids et vitesses de la vapeur s'échappant dans l'atmosphère à divers pressions.

Pression absolue de la vapeur qui s'écoule.	Poids du mètre cube.	Vitesse d'écoulement par seconde	Pression absolue de la vapeur qui s'écoule.	Poids du mètre cube.	Vitesse d'écoulement par seconde,	Pression absolue de la vapeur qui s'écoule.	Poids du mètre cube.	Vitesse d'écoulement par seconde.
5.00	2.568	562	1.60	0.900	368	1.09	0.630	170
4.75	2.457	554	1.50	0.854	343	1.08	0.626	161
4.50	2.334	549	1.45	0.830	331	1.07	0.622	151
4.25	2.217	546	1.40	0.800	318	1.06	0.619	140
4.00	2.096	537	1.35	0.778	302	1.05	0.610	129
3.75	1.972	530	1.30	0.150	285	1.04	0.607	116
3.50	1.855	520	1.25	0.722	265	1.03	0.601	101
3.25	1.734	512	1.22	0.705	252	1.02	0.598	83
3.00	1.611	502	1.20	0.693	242	1.01	0.595	58
2.75	1.487	488	1.18	0.681	232	1.00	0.590	41
2.50	1.363	472	1.16	0.670	220	1.00	0.588	0
2.25	1.238	451	1.14	0.658	213	»	»	»
2.00	1.111	427	1.12	0.647	194	»	»	»
1.75	0.984	394	1.10	0.636	178	»	»	»

Écoulement de la vapeur dans un milieu à une pression plus faible.

VAPEUR à 5 atmosphères absolues.			VAPEUR à 4 atmosphères absolues.			VAPEUR à 3 atmosphères absolues.		
Pression dans le récipient.	Pression effective en kilog. par m. q.	Vitesse d'écoulement en mètres par 1''	Pression dans le récipient.	Pression effective en kilog. p. m. q.	Vitesse d'écoulement en mètres par 1''	Pression dans le récipient.	Pression effective en kilog. p. m. q.	Vitesse d'écoulement en mètres par 1''
4.95	517	63	3.95	517	69	2.95	517	79
4.90	1 034	89	3.90	1 034	97	2.90	1 034	112
4.85	1 550	108	3.85	1 550	120	2.85	1 550	137
4.80	2 067	125	3.80	2 067	139	2.80	2 067	158
4.75	2 584	140	3.75	2 584	155	2.75	2 584	178
4.65	3 618	166	3.65	3 618	184	2.65	3 618	210
4.55	4 651	188	3.55	4 651	209	2.55	4 651	238
4.50	5 168	198	3.50	5 168	220	2.50	5 168	251
4.25	7 752	242	3.25	7 752	269	2.25	7 752	307
4.00	10 336	281	3.00	10 336	311	2.00	10 336	355
3.75	12 920	314	2.75	12 920	347	1.75	12 920	396
3.50	15 504	344	2.50	15 504	380	1.50	15 504	423
3.25	18 088	371	2.25	18 088	411	1.25	18 088	469
3.00	20 672	396	2.00	20 672	439	»	»	»
2.75	23 256	421	1.75	23 256	466	»	»	»
2.50	25 340	444	1.50	25 840	491	»	»	»
2.25	28 424	465	1.25	28 424	515	»	»	»

Étendue par E. Lorentz.

POINT de la course totale du piston, auquel la détente commence.	TRAVAIL dû à la détente seule, le travail à pleine vapeur étant 1.	TRAVAIL total, le travail à pleine vapeur étant 1.	RAPPORT du travail total avec la détente, au travail total sans détente, pendant la course complète.	POINT de la course totale du piston, auquel la détente commence.	TRAVAIL dû à la détente seule, le travail à pleine vapeur étant 1.	TRAVAIL total, le travail à pleine vapeur étant 1.	RAPPORT du travail total avec la détente, au travail total sans détente, pendant la course complète.
0.01	4.6052	5.6052	0.056	0.51	0.6733	1.6733	0.854
0.02	3.9120	4.9120	0.098	0.52	0.6539	1.6539	0.860
0.03	3.5066	4.5066	0.135	0.53	0.6348	1.6348	0.866
0.04	3.2189	4.2189	0.179	0.54	0.6162	1.6162	0.873
0.05	2.9958	3.9958	0.200	0.55	0.5978	1.5978	0.879
0.06	2.8134	3.8134	0.229	0.56	0.5798	1.5798	0.885
0.07	2.6703	3.6703	0.257	0.57	0.5621	1.5621	0.890
0.08	2.5257	3.5257	0.282	0.58	0.5447	1.5447	0.896
0.09	2.4080	3.4080	0.307	0.59	0.5276	1.5276	0.901
0.10	2.3026	3.3026	0.330	0.60	0.5108	1.5108	0.906
0.11	2.2073	3.2073	0.353	0.61	0.4943	1.4943	0.912
0.12	2.1203	3.1203	0.374	0.62	0.4780	1.4780	0.916
0.13	2.0400	3.0400	0.389	0.63	0.4620	1.4620	0.921
0.14	1.9661	2.9661	0.415	0.64	0.4460	1.4460	0.925
0.15	1.8971	2.8971	0.435	0.65	0.4307	1.4307	0.9299
0.16	1.8326	2.8326	0.453	0.66	0.4155	1.4155	0.9342
0.17	1.7720	2.7720	0.471	0.67	0.4012	1.4012	0.9388
0.18	1.7148	2.7148	0.489	0.68	0.3853	1.3853	0.9420
0.19	1.6607	2.6607	0.506	0.69	0.3718	1.3718	0.9465
0.20	1.6094	2.6094	0.522	0.70	0.3563	1.3563	0.9494
0.21	1.5607	2.5607	0.538	0.71	0.3424	1.3424	0.9531
0.22	1.5207	2.5207	0.555	0.72	0.3284	1.3284	0.9564
0.23	1.4697	2.4697	0.569	0.73	0.3147	1.3147	0.9597
0.24	1.4271	2.4271	0.583	0.74	0.3011	1.3011	0.9628
0.25	1.3863	2.3863	0.597	0.75	0.2877	1.2877	0.9558
0.26	1.3471	2.3471	0.610	0.76	0.2723	1.2723	0.9669
0.27	1.3093	2.3093	0.624	0.77	0.2614	1.2614	0.9713
0.28	1.2730	2.2730	0.636	0.78	0.2466	1.2466	0.9723
0.29	1.2378	2.2378	0.649	0.79	0.2357	1.2357	0.9762
0.30	1.2040	2.2042	0.661	0.80	0.2231	1.2231	0.9785
0.31	1.1712	2.1712	0.673	0.81	0.2107	1.2107	0.9807
0.32	1.1394	2.1394	0.685	0.82	0.1984	1.1984	0.9827
0.33	1.1087	2.1087	0.696	0.83	0.1863	1.1863	0.9846
0.34	1.0788	2.0788	0.707	0.84	0.1743	1.1743	0.9864
0.35	1.0498	2.0498	0.717	0.85	0.1625	1.1625	0.9881
0.36	1.0217	2.0217	0.729	0.86	0.1507	1.1507	0.9896
0.37	0.9943	1.9943	0.738	0.87	0.1392	1.1392	0.9911
0.38	0.9676	1.9676	0.748	0.88	0.1278	1.1278	0.9925
0.39	0.9416	1.9416	0.757	0.89	0.1164	1.1164	0.9936
0.40	0.9163	1.9163	0.767	0.90	0.1054	1.1054	0.9949
0.41	0.8917	1.8917	0.776	0.91	0.0943	1.0943	0.9959
0.42	0.8674	1.8674	0.784	0.92	0.0833	1.0833	0.9966
0.43	0.8440	1.8440	0.793	0.93	0.0725	1.0725	0.9974
0.44	0.8209	1.8209	0.801	0.94	0.0618	1.0618	0.9981
0.45	0.7985	1.7985	0.810	0.95	0.0513	1.0513	0.9987
0.46	0.7765	1.7765	0.817	0.96	0.0408	1.0408	0.9992
0.47	0.7550	1.7550	0.825	0.97	0.0307	1.0307	0.9998
0.48	0.7340	1.7340	0.832	0.98	0.0202	1.0202	0.9998
0.49	0.7133	1.7133	0.840	0.99	0.0110	1.0110	1.0000
0.50	0.6932	1.6932	0.846	1.00	0.0011	1.0010	1.0000

	Symboles.	Equivalents O = 100	Equivalents H = 1	Densité
Arsenic.	As	940	75,0	5,75
Azote (gaz)	Az	175	14,0	0,971
Bore	Bo	136	10,8	»
Brôme (liquide).	Br	1000	78,2	2,968
Carbone.	C	75	6,0	»
Chlore (gaz)	Ch	443	35,4	2,44
Fluor.	Fl	235	19,1	»
Hydrogène (gaz).	H	12 5	1,0	0,069
Iode.	I	1580	125,3	4,948
Oxygène (gaz).	O	100	8,0	1,105
Phosphore	Ph	400	32,0	1,77
Sélénium.	Se	491	39,2	4,3
Silicium.	Si	266	21,3	»
Soufre.	S	200	16,0	2,087
Tellure.	Te	806	64,5	6,2

Corps simples métalliques ou métaux.

Employés dans l'industrie.	Symboles	Equivalents O = 100	Equivalents H = 1	Non employés	Symboles
Aluminium . .	Al	175	14,0	Iridium	Ar
Antimoine. . .	Sb	806	64,4	Cerium	Ce
Argent.	Ag	1350	108,0	Didymium. . .	Di
Baryum	Ba	850	68,6	Donarium. . .	Do
Bismuth. . . .	Bi	1330	106,4	Ebium.	Er
Cadmium . . .	Cd	696	56,6	Glucinium. . .	Gl
Calcium. . . .	Ca	250	20,0	Ilmenium . . .	Il
Chrôme	Cr	328	26,2	Iridium. . . .	Ir
Cobalt.	Co	368	29,4	Lanthane. . . .	La
Cuivre.	Cu	395	31,6	Lithium. . . .	Li
Étain.	Sn	735	58,8	Molybdène. . .	Mo
Fer	Fe	350	28,0	Niobium. . . .	Nb
Magnésium . .	Mg	158	12,6	Osmium. . . .	Os
Manganèse. . .	Mn	345	27.6	Pélopium . . .	Pe
Mercure	Hg	1250	100.0	Rhodium. . . .	Rh
Nickel.	Ni	369	29,5	Ruthenium . .	Ru
Or.	Au	1227	98,1	Tantale	Ta
Palladium. . .	Pd	665	53,2	Tellure	Te
Platine	Pt	1233	98,6	Terbium. . . .	T
Plomb.	Pb	1294	103,5	Thorium. . . .	Th
Potassium. . .	K	490	29,2	Titane.	Ti
Sodium. . . .	Na	290	23,2	Tungstène. . .	W
Strontium. . .	St	548	43,8	Vanadium. . .	Va
Uranium. . . .	U	754	60,0	Yttrium	Y
Zinc.	Zn	414	33,1	Zirconium. . .	Zr

Tableau des quantités de travail mécanique que tres animaux dans différentes circonstances.

NUMÉROS d'ordre.	NATURE DU TRAVAIL.
	1° *Élévation verticale des Poids.*
1	Un homme montant une rampe douce ou un escalier sans fardeau, son travail consistant dans l'élévation du poids de son corps. . . . .
2	Un manœuvre levant des poids avec une corde et une poulie, ce qui l'oblige à faire descendre la corde à vide. . . . .
3	Un manœuvre élevant des poids en les soulevant avec la main. . . . .
4	Un manœuvre élevant des poids en les portant sur son dos au haut d'une rampe douce ou d'un escalier, et revenant à vide. . . . .
5	Un manœuvre élevant des matériaux avec une brouette en montant une rampe au 1/12ᵉ, et revenant à vide.
6	Un manœuvre élevant des terres à la pelle à la hauteur moyenne de 1m. 60 . . . .
	2° *Action sur les machines.*
1	Un manœuvre agissant sur une roue à chevilles ou à tambour au niveau de l'axe de la roue. . . .
2	Vers le bas de la roue ou à 24°. . . . .
3	Un manœuvre marchant et poussant, ou tirant horizontalement. . . . .
4	Un manœuvre agissant sur une manivelle. . . .
5	Un manœuvre exercé, poussant et tirant alternativement dans le sens vertical. . . . .
6	Un cheval attelé à une voiture ordinaire et allant au pas. . . . .
7	Un cheval attelé à un manége et allant au pas. . .
8	Un cheval attelé à un manége et allant au trot. . .
9	Un bœuf attelé à un manége et allant au pas. . .
10	Un mulet attelé de même et allant au pas. . . .
11	Un âne, id. id.

peuvent fournir moyennement l'homme et d'au-

	Poids élevé ou effort moyen exercé.	Vitesse ou chemin par seconde.	Travail par seconde.	Durée du travail jour-nalier.	Quantité de travail journalier.
	kilogr.	mètres.	k. m.	heures.	kilogrammètr.
1	65	0,15	9,75	8	280800
2	18	0,20	3,60	6	77760
3	20	0,17	3,40	6	73440
4	65	0,04	2,60	6	56160
5	60	0,02	1,20	10	43200
6	2,7	0,40	1,08	10	38880
1	66	0,15	9	8	259200
2	22	0,70	8,4	8	251120
3	12	0,60	7,2	8	207360
4	8	0,75	6	8	172800
5	5	1,1	5,5	8	158400
6	70	0,9	63	10	2168000
7	45	0,9	40,5	8	1166400
8	30	2,0	60	4,5	972400
9	65	0,6	39	8	1123200
10	30	0,9	27	8	777600
11	14	0,8	11,6	8	334080

Quantités de travail dynamique nécessaires pour produire divers effets utiles ; ces quantités étant mesurées comme il est indiqué dans la 2e colonne.

NATURE ET QUANTITÉS des effets à produire.	Sur quelle partie de la machine on évalue le travail moteur et le travail résistant.	Travail dynamique exprimé en dynamodes ou 1000 kilog.
Mouture du blé.		
Un hectolitre de blé ou 75 kilogrammes de blé à moudre assez grossièrem , dans un moulin à vent............	Travail résistant sur l'arbre qui porte les ailes...............	d. 304
Un hectolitre de blé ou 75 kilogrammes à moudre à la grosse, dans des moulins ordinaires....................	Travail résistant sur l'arbre qui porte les meules.............	419
Idem.......... *idem*...............	Travail résistant sur l'arbre de la roue hydraulique...........	611
Un hectolitre de blé ou 75 kilogrammes à moudre et remoudre sur gruaux.	Travail résistant sur l'arbre qui porte la meule..............	628
Idem, le moteur étant une chute d'eau.	Travail résistant sur l'arbre de la roue hydraulique...........	916
Un hectolitre de blé ou 75 kilogrammes, à moudre suivant le système anglais, dans des moulins mus par une machine à vapeur...................	Travail résistant sur l'arbre du volant....	802
Idem.... ......*idem*..............	*Idem*.................	813
Un hectolitre de blé ou 75 kilogrammes à moudre et remoudre sur gruaux, dans un moulin mu par une chute d'eau, à l'aide d'une roue à augets..	Travail moteur dû à la descente de l'eau du niveau du bief supérieur au bief inférieur	1022
Battage et vannage du blé.		
Un hectolitre de blé ou 75 kilogrammes, à retirer des gerbes, tout vanné, à l'aide d'une machine..............	Travail résistant sur l'arbre de la première roue motrice........	40
Fabrication d'huile.		
Un kilogramme d'huile à retirer de l'écrasement par le choc et la pression des graines écrasées, à l'aide de pilons mus par un moulin à vent...	Travail résistant sur l'arbre qui porte les ailes...............	146
Pour produire le même effet à l'aide d'un écrasement sans choc et de la pression des graines écrasées, le moteur étant une machine à vapeur...	Travail résistant sur l'arbre du volant....	34
Idem, suivant une autre observation.	*Idem*.................	25
Sciage des matériaux.		
Mètre carré de sapin à scier par une machine à vapeur................	Travail moteur sur l'arbre du volant........	60

NATURE ET QUANTITES des effets à produire.	Sur quelle partie de la machine on évalue le travail moteur et le travail résistant.	Travail dynamique exprimé en dynamodes ou 1000 kilog.
Mètre carré de chêne sec, à scier à l'aide d'une machine, le trait de scie ayant de 0m,003 à 0m,000 d'épaisseur..........................	Travail résistant sur la scie..	d. 63
Mètre carré d'orme à scier, le trait de scie ayant 0m,003 à 0m,004 d'épaisseur.	*Idem*................	71
Mètre carré de chêne vert à scier à bras d'homme.........................	Travail résistant sur la scie................	43
Mètre carré de chêne vert à scier, en employant une chute d'eau, à l'aide d'une roue à palettes non emboîtée.	Travail moteur dû à la chute d'eau.........	129
Mètre carré de pierre de roche des environs de Paris, ou mètre carré de marbre à scier par des hommes .. .	Travail résistant sur la scie................	295
Mètre carré de granit, à scier par des hommes........................	*Idem*................	2.069
Fabrication du tan.		
100 kilog. de tan à produire, en broyant l'écorce à l'aide d'une machine.....	Travail résistant sur l'arbre de la première roue motrice........	466
Fabrication du papier.		
100 kilogrammes de vieux cordages à réduire en pâte par la trituration, à l'aide de pilons mus par une machine à vapeur.........................	Travail résistant sur l'arbre du volant...	5700
Filatures de coton.		
Pour filer un kilogramme de fil n° 40, c'est-à-dire deux livres métriques de chacune 40,000 mètres, et pour exécuter toutes les préparations nécessaires en filant avec les mull-jennys, prenant les vitesses les plus ordinaires.....................	Travail résistant sur l'arbre du volant de la machine à vapeur.	204
D'après une autre observation faite en 1822, il faudrait pour filer un kilogramme du n° 30, y compris toutes les préparations...	*Idem*...........	290
Pour filer un kilogramme n° 40 avec les broches continues, y compris toutes les préparations.................	Travail résistant sur l'arbre du volant de la machine.........	408
Idem, d'après une autre observation faite en 1822..................	*Idem*..............	450
Pour préparer un kilogramme de coton au batteur éplucheur.....	*Idem*................	6.37
Pour préparer un kilogramme au batteur étaleur...........	*Idem*.............. ..	9.60
Pour passer un kilogramme aux cardes laminoir et boudinnerie, et pour carder deux fois.................	*Idem*..............	96

NATURE ET QUANTITÉS des effets à produire.	Sur quelle partie de la machine on évalue le travail moteur et le travail résistant.	Travail dynamique exprimé en dynamodes ou 1000 kilog.
Pour préparer un kilogramme aux métiers d'apprêts ou aux broches bellys.	Travail résistant sur l'arbre du volant de la machine.........	d. 19 15
Pour filer seulement un kilogramme de fil n° 30, avec les mull-jennys, faisant 3,600 tours par minute, sans les préparations......... Ce kilogramme, pour ce numéro, est le produit de 30 à 32 broches travaillant pendant quatorze heures......	*Idem*...............	159
Pour filer le n° 24 aux broches continues seulement sans les préparations; les broches faisant 2,400 tours par minute. Ce kilogramme, pour ce numéro, est le produit de 15 broches travaillant 14 heures...............	*Idem*...............	319
NOTA. Tous ces résultats sur les filatures sont déduits d'observations faites il y a quelques années. On a introduit depuis dans les machines des modifications qui doivent faire varier les consommations de travail dynamique. On n'a présenté ici que des résultats approximatifs, destinés plutôt à donner une idée des consommations de travail, qu'à servir de base à des calculs aussi exacts qu'il serait possible.		
Filature de laine.		
Pour ouvrir et pour carder seulement la laine nécessaire à la fabrication d'un kilogramme de fil d'un numéro moyen entre 6 et 50 (le numéro indique ici le nombre d'écheveaux de 780 mètres dans un kilogramme, le moteur étant une machine à vapeur.	Travail résistant sur l'arbre du volant de la machine à vapeur.	350
Pour filer un kilogramme de fil trame, d'un numero moyen entre 22 et 30, ce kilogramme étant le produit de 13 broches mull-jennys............	Travail résistant sur la première roue motrice des mull jennys.	17
Pour filer un kilogramme de fil chaine, d'un numéro moyen entre 22 et 30, ce kilogramme étant le produit de 17 broches mull-jennys.............	*Idem*............. ..	23
Tir des projectiles.		
Pour lancer une balle pesant 0kil,0247 avec la vitesse ordinaire de 390 mètres par seconde, la consommation de poudre de 0kil,0123............	Travail moteur sur le projectile..........	0.192
Pour lancer un boulet pesant 6 kilogrammes avec la vitesse ordinaire de 417 mètres par seconde, avec une consommation de poudre de 2 kilog.	*Idem*................	53
Pour lancer un boulet pesant 12 kilogrammes avec la vitesse maximum de 519 mètres par seconde, et une consommation de poudre de 6 kilog.	*Idem*................	161

NATURE ET QUANTITÉS des effets à produire.	Sur quelle partie de la machine on évalue le travail moteur et le travail résistant.	Travail dynamique exprimé en dynamodes ou 1000 kilog.
Laminage du fer en barre.		
Pour fabriquer 100 kilogrammes de fer en barres de 0,03 à 0,04 de grosseur en carré, en laminant la fonte rouge sortant du fourneau d'affinerie.	Travail résistant sur l'arbre de la roue motrice des laminoirs...	d. 984
Jeu des machines soufflantes à piston, pour les hauts fourneaux.		
Pour produire 3,000 kilogrammes de fonte par jour, dans un haut fourneau, en chassant l'air par un orifice circulaire de 0,05 de diamètre, avec une conduite de 120 mètres de long et 0,15 de diamètre, la dépense d'air étant au *maximum* d'environ 15 mètres par minute.................. Pour chasser l'air suffisant pour produire 8,000 kilogrammes de fonte par jour, dans un haut fourneau au coke..........................	Travail résistant sur le piston, non compris les frottements......	d. 0.446 par seconde.
NOTA. Le travail consommé varie comme le cube du volume d'air à chasser par seconde, y compris les pertes, et à peu près en raison inverse de la 4e puissance du diamètre de l'orifice de sortie.		
Jeu des machines soufflantes à piston, pour les feux d'affinerie, de martineleur, étireur et corroyeur.		
Pour entretenir un feu d'affinerie en chassant 4 mètres d'air par minute, avec une vitesse de 80 mètres par seconde, les frottements dans les tuyaux pouvant être négligés..	Travail résistant sur le piston, non compris les frottements de toute espèce et les pertes d'air........	d. 0.28 par seconde.
Pour entretenir un feu de martineleur, étireur et corroyeur, en chassant moyennement 2.66 mètres cubes par minute, avec une vitesse de 62 mètres, les frottements dans les tuyaux pouvant être négligés..............	*Idem*................	d. 0.11 par seconde.

Effort de traction d'un cheval à différentes vitesses.

	mille anglais.		m.		kilog.
Un cheval parcourant par heure	1	=	1.609	peut traîner	88
	3	=	4.829		65
	5	=	8.047		45
	10	=	16.093		11
	15	=	24 140		00

Tableau des rapports de la force de tirage sur diverses routes à la charge totale traînée (voiture comprise).

Résultats des expériences de MM. Boulard, Rumford, Régnier, etc.

NATURE DE LA VOIE SUPPOSÉE HORIZONTALE.	RAPPORT du tirage à la charge totale.
Terrain naturel, non battu et argileux, mais sec.	0.250
Id. *id.*, siliceux et crayeux.	0.165
Terrain ferme, battu et très-uni.	0.040
Chaussée en sable ou cailloutis nouvellement placés.	0.125
Id. en empierrrement, à l'état d'entretien ordinaire.. . .	0 080
Id. *id.* parfaitement entretenue et roulante.	0.033
Id. pavée à la manière ordinaire, et la voiture étant suspendue. — au pas. . .	0.030
— au grand trot.	0 070
Id. pavée en carreaux de grès bien entretenus. — au pas. . .	0 025
— au grand trot.	0 060
Id. en madriers de chêne non rabotés.	0.022
Chemins à ornières plates, en fonte de fer, ou en dalles très-dures et très-unies.	0.010
Chemins de fer à ornières saillantes, en bon état d'entretien. .	0.007
Id. *id.*, parfaitement entretenues, et les essieux continuellement huilés.	0.005

Le poids de la voiture varie ordinairement entre le 1/3 et le 1/4 de la charge totale

Tableau des efforts qu'un manœuvre de force ordinaire peut exercer, pendant un court espace de temps, en agissant sur différents outils.

DÉSIGNATION DES INSTRUMENTS.	Efforts en kilogram.
Une plane.	45
Une tarière avec les deux mains.	45
Une clef d'écrou.	38
Un étau ordinaire en agissant sur la clef.	33
Un ciseau ou un foret dans le sens vertical.	33
Une manivelle.	30
Une tenaille ou une pince, en agissant par compression. . . .	27
Un rabot à main.	23
Un étau à main..	20
Une scie à main.	16
Un vilebrequin.	7
Un petit tourne vis, ou en tournant avec le pouce et les doigts. .	6

Poids que peuvent supporter des solides soumis à un effort de compression, tels que les colonnes, les piliers, les étais, etc.

Nombre de kilogrammes dont on peut charger avec sécurité chaque centimètre carré de la section transversale.

DÉSIGNATION des corps.	Rapport de la longueur a la plus petite dimension,				
	Au dessous de 12	Au dessus de 12	Au dessus de 24	Au dessus de 48	Au dessus de 60
	kil.	kil.	kil	kil.	kil.
Chêne fort.	30.0	25.0	15.0	5.0	2.5
Chêne faible.	19.0	8.4	5.6	»	»
Sapin jaune ou rouge.	37.5	31.0	18.7	7.5	»
Sapin blanc..	9.7	8.2	4.9	»	»
Fer forgé.	1000.0	835.0	500.0	167.0	84.0
Fonte.	2000.0	1670.0	1000.0	333.0	167.0
Basalte..	200.0	»	»	»	»
Granit dur.	70.0	»	»	»	»
Granit ordinaire.	40.0	»	»	»	»
Marbre dur.	100.0	»	»	»	»
Marbre blanc veiné.	30.0	»	»	»	»
Grès dur..	90.0	»	»	»	»
Grès tendre..	0.4	»	»	»	»
Brique très dure..	12.0	»	»	»	»
Brique ordinaire.	4.0	»	»	»	»
Pierre calcaire très dure.	50.0	»	»	»	»
Pierre calcaire ordinaire.	30.0	»	»	»	»
Lambourde de qualité infér..	2.3	»	»	»	»
Plâtre.	6.0	»	»	»	»
Béton en mortier de 18 mois.	4.0	»	»	»	»
Mortier ordinaire de 18 mois.	2.5	»	»	»	»

Poids que peuvent supporter divers solides, soumis à un effort de traction longitudinale.

Nombre de kilogrammes dont on peut charger avec sécurité chaque centimètre carré de la section transversale.

DÉSIGNATION DES CORPS.	Traction longitudinale.	DÉSIGNATION DES CORPS.	Traction longitudinale.
	kil.		kil.
Chêne fort..	196	Fonte grise, si elle n'est pas exposée à des chocs.	350
Chêne faible.	140	Métal de canon..	12
Sapin..	167	Cuivre battu.	123
Frêne.	240	Cuivre fondu.	66
Hêtre.	160	Cuivre jaune fin.	62
Buis.	280	Etain fondu..	16
Poirier.	138	Plomb fondu..	6
Peuplier..	25	Corde sèche en chanvre.. . . .	125
Fer forgé de petit échantillon, fil de fer 1re qualité.	1000	Corde mouillée.	82
Fer forgé de dimensions ordinaires.	650	Corde goudronnée.	95
Fer forgé de 0m06 de côté et au-dessus.	400	Courroie en cuir noir.	25
Tôle dans le sens du laminage..	700	Brique très dure.	2
Tôle dans le sens perpendiculaire au laminage..	600	Pierre calcaire..	6
Chaine ordinaire en fer.	2000	Plâtre.	0.40
Chaîne étançonnée..	3000	Béton ou bon mortier de 18 mois.	0.90
		Mortier ordinaire de 18 mois..	0.30

Diamètres en millimètres des tourillons en fer forgé des arbres de communication de mouvements, situés près du moteur.

Force en chevaux.	NOMBRE DE TOURS PAR MINUTE.									
	10	20	30	40	50	60	70	80	90	100
	m.	m.	m.	m.	m.	m.	m.	m.	m.	m.
4	119	94	82	75	69	66	62	60	57	55
6	136	108	94	86	80	75	71	68	66	63
8	150	119	104	94	87	83	78	75	72	70
10	162	128	112	102	94	90	85	81	78	75
12	172	136	119	108	101	95	90	86	83	80
14	181	143	124	114	106	100	94	91	87	84
16	189	150	131	119	111	105	99	95	91	88
18	196	157	136	124	115	109	105	99	95	91
20	203	162	141	129	118	113	107	102	98	95
25	202	175	152	138	129	121	115	110	105	102
30	233	185	161	147	137	129	122	116	112	108
35	246	195	170	155	144	134	129	123	118	114
40	257	204	178	161	150	142	134	129	123	119
45	267	212	185	168	157	147	140	133	129	124
50	277	220	192	175	162	152	145	139	133	129
55	286	227	198	180	168	157	149	143	137	135
60	294	234	202	135	172	161	154	147	140	137
65	302	240	210	190	177	166	158	151	145	140
70	310	246	215	195	181	170	162	155	149	144
75	317	251	220	200	185	175	166	158	153	147
80	324	257	225	204	189	178	169	162	156	150
85	331	263	229	209	194	182	173	166	159	154
90	337	267	234	212	197	185	176	169	162	157
95	343	272	238	216	200	189	179	172	165	159
100	349	277	242	220	204	192	182	175	168	162

Diamètres en millimètres des tourillons en fonte des arbres de communication de mouvements situés près du moteur.

Force en chevaux.	NOMBRE DE TOURS PAR MINUTE.									
	10	20	30	40	50	60	70	80	90	100
	m.	m.	m.	m.	m.	m.	m.	m.	m.	m.
4	138	110	96	87	81	76	72	69	67	64
6	158	126	110	100	93	87	82	79	76	74
8	174	138	121	110	102	96	91	87	84	81
10	188	149	130	118	110	103	98	94	90	87
12	199	158	138	126	117	110	104	100	96	93
14	210	167	145	133	123	116	110	105	101	97
16	219	174	152	138	129	121	115	110	106	102
18	228	181	158	143	133	126	119	113	110	106
20	236	188	164	149	139	130	124	119	114	110

Force en chevaux.	NOMBRE DE TOURS PAR MINUTE.									
	10	20	30	40	50	60	70	80	90	100
	m.	m.	m.	m.	m.	m.	m.	m.	m.	m.
25	255	202	177	161	149	140	133	127	122	118
30	271	215	188	171	158	149	142	135	130	125
35	285	226	198	179	167	157	149	142	137	132
40	298	236	207	188	174	164	156	149	143	138
45	310	246	215	195	181	170	162	155	149	144
50	321	255	223	202	188	177	168	161	154	149
55	331	263	230	209	194	182	173	166	159	154
60	341	271	237	215	200	188	178	170	164	158
65	350	278	242	221	205	193	183	175	168	162
70	359	285	249	226	210	198	188	179	173	167
75	367	291	255	231	215	202	192	184	177	171
80	375	298	260	236	219	207	196	188	180	174
85	383	304	266	242	224	211	200	192	184	178
90	390	310	271	246	228	215	204	195	188	181
95	397	316	276	250	230	219	208	199	191	185
100	405	321	281	255	236	223	212	202	194	188

Diamètre et longueur en millimètres que doivent avoir les tourillons en fonte, destinés à porter de fortes charges.

Pressions en kilogr.	Diamètre	Longueur	Pressions en kilogr.	Diamètre	Longueur
	mill.	mill.		mill.	mill.
1.000	79	94	15.000	194	233
2.000	100	120	20.000	212	255
4.000	126	151	25.000	226	272
6.000	144	173	30.000	241	289
8.000	158	190	35.000	255	306
10.000	169	203	40.000	266	319

Epaisseur en millimètres à donner aux dents d'engrenages en fonte, pour les forces en chevaux et les vitesses suivantes à la circonférence.

Force en chevaux.	Vitesse en mètres par minutes à la circonférence.						Force en chevaux.	Vitesse en mètres par minutes à la circonférence.					
	30	60	90	120	150	180		30	60	90	120	150	180
1	12	8	7	6	»	»	12	40	30	24	21	18	17
2	17	12	10	9	8	7	14	45	32	26	22	20	18
3	21	15	12	11	10	9	16	49	34	28	24	21	20
4	24	17	14	12	11	10	18	51	36	30	26	23	21
5	27	19	15	14	12	11	20	54	38	31	27	24	22
6	30	21	17	15	13	12	25	»	43	35	30	27	25
7	32	22	18	16	14	13	30	»	47	38	33	30	27
8	34	24	20	17	15	14	35	»	51	41	36	32	29
9	36	26	21	18	16	15	40	»	54	44	38	34	31
10	38	27	22	19	17	16							

Diamètre d'une roue d'engrenage d'après le nombre de dents, en prenant la longueur du pas pour unité.

En multipliant le pas par le chiffre indiqué en face d'un nombre de dents, on a la longueur métrique de ce diamètre, et réciproquement.

Nombre de dents.	Diamètre.	Nombre de dents.	Diamètre.	Nombre de dents.	Diamètre.	Nombre de dents.	Diamètre.
10	3.2360	55	17.5165	100	31.8362	145	46.1585
11	3.5494	56	17.8347	101	32.1544	146	46.4768
12	3.8637	57	18.1528	102	32.4727	147	46.7951
13	4.1785	58	18.4710	103	32.7910	148	47.1134
14	4.4939	59	18.7891	104	33.1092	149	47.4316
15	4.8097	60	19.1073	105	33.4275	150	47.7499
16	5.1258	61	19.4254	106	33.7457	151	48.0682
17	5.4421	62	19.7436	107	34.0640	152	48.3765
18	5.7587	63	20.0618	108	34.3823	153	48.7048
19	6.0755	64	20.3800	109	34.7005	154	49.0231
20	6.3924	65	20.6982	110	35.0188	155	49.3414
22	6.7095	66	21.0163	111	35.3371	156	49.6596
22	7.0266	67	21.3345	112	35.6553	157	49.9779
23	7.3439	68	21.6527	113	35.9736	158	50.2962
24	7.6612	69	21.9709	114	36.2919	159	50.6145
25	7.9787	70	22.2891	115	36.6101	160	50.9328
26	8.2862	71	22.6073	116	36.9284	161	51.2511
27	8.6137	72	22.9255	117	37.2467	162	51.5694
28	8.9311	73	23.2437	118	37.5650	163	51.8877
29	9.2490	74	23.5620	119	37.8832	164	52.2060
30	9.5667	75	23.8802	120	38.2015	165	52.5243
31	9.8845	76	24.1984	121	38.5198	166	52.8425
32	10.2022	77	24.5166	122	38.8380	167	53.1608
33	10.5201	78	24.8348	123	39.1563	168	53.4791
34	10.8379	79	25.1531	124	39.4746	169	53.7974
35	11.1558	80	25.4723	125	39.7929	170	54.1157
36	11.4737	81	25.7895	126	40.1112	171	54.4340
37	11.7916	82	26.1077	127	40.4294	172	54.7523
38	12.1905	83	26.4260	128	40.7477	173	55.0706
39	12.4275	84	26.7442	129	41.0660	174	55.3889
40	12.7454	85	27.0625	130	41.3843	175	55.7072
41	13.0634	86	27.3807	131	41.7025	176	56.0255
42	13.3814	87	27.6989	132	42.0208	177	56.3438
43	13.6995	88	28.0172	133	42.3391	178	56.6621
44	14.0175	89	28.3354	134	42.6574	179	56.9803
45	14.3355	90	28.6537	135	42.9757	180	57.2986
46	14.6536	91	28.9719	136	43.2939	181	57.6169
47	14.9717	92	29.2902	137	43.6122	182	57.9352
48	15.2897	93	29.6084	138	43.9305	183	58.2535
49	15.6078	94	29.9267	139	44.2488	184	58.5718
50	15.9259	95	30.2449	140	44.5671	185	58.8901
51	16.2440	96	30.5632	141	44.8854	186	59.2084
52	16.5621	97	30.8814	142	45.2036	187	59.5267
53	16.8803	98	31.1997	143	45.5219	188	59.8450
54	17.1984	99	31.5179	144	45.8402	189	60.1633

Tension que doit avoir le brin conducteur d'une corde ou courroie enroulée sur un tambour pour faire glisser à sa surface le brin conduit soumis à une tension donnée.

(Aide-Mémoire de *Mécanique pratique* de M. Morin, 3 *édition*, 1843.)

Rapport de l'arc embrassé à la circonférence entière.	VALEUR DU RAPPORT DE LA TENSION A LA RÉSISTANCE.					
	Courroies neuves sur tambours en bois.	Courroies à l'état ordinaire		Courroies humides sur poulies en fonte.	Cordes sur tambours ou treuils en bois	
		sur tambours en bois.	sur parties en fonte.		bruts.	polis.
0.20	1.87	1.80	1.42	1.61	1.87	1.51
0.30	2.57	2.43	1.69	2.05	2.57	1.86
0.40	3.51	3.26	2.02	2.60	3.51	2.29
0.50	4.81	4.38	2 41	3.30	4.81	2.82
0.60	6.59	5.88	2.87	4.19	6.58	3.47
0.70	9.00	7.90	3.43	5.32	9.01	4.27
0.80	12.34	10.62	4 09	6.75	12.34	5.25
0.90	16.90	14.27	4.87	8 57	16.90	6.46
1.00	23.14	19.16	5.81	10.89	23.90	7.95
1.50	»	»	»	»	111.31	22.42
2.00	»	»	»	»	535.47	63.23
2.50	»	»	»	»	2575.80	178.52

Frottement des surfaces planes, à l'état de repos et en mouvement.

(Extrait de l'*Aide-mémoire de mécan. prat.*, par M. Morin, 3e éd., 1843.)

INDICATION des surfaces en contact.	DISPOSITION des fibres.	ÉTAT des surfaces.	RAPPORT du frottement à la pression,	
			au repos.	en mouvement.
Chêne sur chêne. . . .	parallèles. .	sans enduit. . . .	0.62	0.48
	id.	frottées de savon sec	0.44	0.16
	perpendicul.	sans enduit. . . .	0.54	0.34
	id.	mouillées d'eau. .	0.71	0.25
	bois debout sur bois à plat	sans enduit. . . .	0.43	0.19
Chêne sur orme. . . .	parallèles. .	*id.*	0.38	
Orme sur chêne. . . .	*id.*	*id.*	0.69	0.43
	id.	frottées de savon sec	0.41	0.25
	perpendicul.	sans enduit. . . .	0.57	0.45
Frêne, sapin, hêtre, sorbier sur chêne. .	parallèles. .	*id.*	0.53	0.36 à 0.40
Cuir tanné sur chêne. .	le cuir à plat ou de champ	*id.*	0.61	0.30
		id.	0.43	0.35
		mouillées d'eau. .	0.79	0.29

INDICATION des surfaces en contact.	DISPOSITION des fibres.	ÉTAT des surfaces.	RAPPORT du frottement à la pression, au repos.	RAPPORT du frottement à la pression, en mouvement.
Cuir noir corroyé ou courroie, sur surface plane en chêne. .	parallèles. .	sans enduit. . . .	0.74	27
Cuir noir corroyé ou courroie, sur tambour en chêne. .	perpendicul.	*id.*	0.47	0.27
Natte de chanvre sur chêne	parallèles. .	*id.*	0.50	
	id.	mouillées d'eau. .	0.57	
Corde de chanvre sur chêne..	*id.*	sans enduit. . . .	0.80	0.52
Fer sur chêne.	*id.*	*id.*	0.62	0.49
	id.	mouillées d'eau.. .	0.65	0.26
Fonte sur chêne. . . .	*id.*	*id.*	0.65	0.22
Cuir jaune sur chêne. .	*id.*	sans enduit. . . .	0.62	0.62
Cuir de bœuf p. garnit. de piston, sur fonte.	à plat ou de champ. . .	mouillées d'eau. .	0.62	
		avec huile, suif ou saindoux.. . . .	0.12	
Cuir corroyé ou courroie sur poulie en fonte.	à plat. . . .	sans enduit. . . .	0.28	
		mouillées d'eau.. .	0.38	
Fonte sur fonte. . . .	. . . .	sans enduit.. . . .	0.16 (A)	0.15 (B)
Fer sur fonte.	. . . .	*id.*	0.19	0.18 (C)
Chêne, etc., fer (D), etc., glissant deux à deux l'un sur l'autre.. . .	. . . .	enduites de suif. .	0.10 (E)	
		enduites d'huile ou de saindoux, et mouillées d'eau.	0.15 (F)	0.07 à 0.08 (G)
Pierre calcaire oolithique sur calcaire oolit.	. . . .	sans enduit. . . .	0.74	0.64
— — dure de muschelkalk sur calc. oolit.	. . . .	*id.*	0.75	0.67
Brique sur calcaire oolithique..	. . . .	*id.*	0.67	0.65
Chêne sur *idem*. . . .	bois debout.	*id.*	0.63	0.38
Fer sur *idem*. . . .	. . . .	*id.*	0.49	0.69
Pierre calcaire dure ou muschelkalk sur muschelkalk..	parallèles. .	*id.*	0.70	0.38
— — oolithique sur muschelkalk.. . . .	. . . .	*id*	0.75	0.65
Brique sur muschelkalk	. . . .	*id.*	0.67	0.60
Chêne sur *idem*. . . .	. . . .	*id.*	0.64	0.38
Fer sur *idem*.	parallèles. .	*id.*	0.42	0.24
Pierre calcaire oolithique sur calcaire oolit.	. . . .	avec enduit de mortier de trois parties de sable fin, et une partie de chaux hydraulique.	0.74 (H)	

(A) Les surfaces conservant quelque onctuosité. — (B) Les surfaces conservant encore un peu d'onctuosité. — (C) Les surfaces étant un peu onctueuses. — (D) Les surfaces de fer se rodent dès qu'il n'y a pas d'enduit. — (E) Lorsque le contact n'a pas duré assez longtemps pour exprimer l'enduit. — (F) Lorsque le contact a duré assez longtemps pour exprimer l'enduit et ramener les surfaces à l'état onctueux. — (G) Lorsque l'enduit est sans cesse renouvelé et uniformément réparti, ce rapport peut s'abaisser jusqu'à 0,05. — (H) Après un contact de 10 à 15 minutes.

Frottement des tourillons en mouvement sur leurs coussinets.

INDICATION des surfaces en contact.	ÉTAT DES SURFACES.	RAPPORT du frottement à la pression lorsque l'enduit est renouvelé à la manière ordinaire.	d'une manière continue.
Tourillons en fonte sur coussinets en fonte.	Enduites d'huile d'olive, de saindoux, de suif ou de cambouis mou.	0.07 à 0.08	0.054
	Avec les mêmes enduits et mouillées d'eau.	0.08	»
	Enduites d'asphalte.	0.054	»
	Onctueuses	0.14	»
	Onctueuses et mouillées d'eau. .	0.14	»
Tourillons en fonte sur coussinets en bronze.	Enduites d'huile d'olive, de saindoux, de suif ou de cambouis mou.	0.07 à 0.08	0.054
	Onctueuses.	0.16	»
	Onctueuses et mouillées d'eau.	0.19	»
	Très peu onctueuses.	0.18	» (A)
Tourillons en fonte sur coussinets en bois de gaïac. . . .	Sans enduit.	0.18	» (B)
	Enduites d'huile ou de saindoux.	»	0.090
	Onctueuses d'huile ou de saind.	0.10	»
	Onctueuses d'un mélange de saindoux et de plombagine. . . .	0.14	»
Tourillons en fer sur coussinets en fonte. . . .	Enduites d'huile d'olive, de suif, de saindoux ou de cambouis mou.	0.07 à 0.08	0.054
Tourillons en fer sur coussinets en bronze. . .	Enduites d'huile d'olive, de saindoux ou de suif.	0.07 à 0.08	0.054
	Enduites de cambouis ferme. . .	0.09	»
	Onctueuses et mouillées d'eau. .	0.19	»
	Très peu onctueuses.	0.25	»
Tourillons en fer sur coussinets en gaïac. . . .	Enduites d'huile ou de saindoux.	0.11	»
	Onctueuses.	0.19	»
Tourillons en bronze sur coussinets en bronze.	Enduites d'huile.	0.10	»
	Enduites de saindoux.	0.09	»
Tourillons en bronze sur coussinets en fonte. .	Enduites d'huile ou de suif. . . .	»	0.045 à 0.052
Tourillons en gaïac sur tourillons en fonte. . .	Enduites de saindoux.	0.12	»
	Onctueuses	0.15	»
Tourillons en gaïac sur coussinets en gaïac. .	Enduites de saindoux.	»	0.07

(A) Les surfaces commençant à se roder. — (B) Les bois étant un peu onctueux.

Coefficients de frottements sous une pression augmentée continuellement jusqu'aux limites de l'altération des corps par l'échauffement.

(Par M. G. RENNIE, ingénieur anglais.)

PRESSION par inche carré.	COEFFICIENTS DES FROTTEMENTS.			
	Fer forgé sur fer forgé.	Fer forgé sur fonte.	Acier sur fonte.	Cuivre sur fonte.
32.5 lbs.	.140	.174	.166	.157
1.66 cwts.	.250	.275	.300	.225
2.00	.271	.292	.333	.219
2.33	.285	.321	.340	.214
2.66	.297	.329	.344	.211
3.00	.312	.333	.347	.215
3.33	.350	.351	.351	.206
3.66	.376	.353	.353	.205
4.00	.395	.365	.354	.208
4.33	.403	.366	.356	.221
4.66	.409	.366	.357	.223
5.00	»	.367	.358	.233
5.33	»	.367	.359	.234
5.66	»	.367	.367	.235
6.00	»	.376	.403	.233
6.33	»	.434	»	.234
6.66	»	»	»	.235
7.00	»	»	»	.232
7.33	»	»	»	.273

Tableau comparatif des vitesses, en kilomètre par heure, par rapport au nombre de secondes employées à parcourir un kilomètre. (4 kilomètres = 1 lieue de poste ancienne.)

Nombre de secondes par kilomèt.	Vitesse moyenne en kilomètre par heure.	Nombre de secondes par kilomèt.	Vitesse moyenne en kilomètre par heure.	Nombre de secondes par kilomètre	Vitesse moyenne en kilomètre par heure.	Nombre de secondes par kilomètre	Vitesse moyenne en kilomètre par heure.
40	90.	70	51.5	100	36.	130	27.7
41	88.	71	50.8	101	35.7	132	27.5
42	85.8	72	50.	102	35.4	132	27.3
43	83.8	73	49.4	103	35.	133	27.1
44	81.9	74	48.7	104	34.7	134	26.9
45	80.	75	48.	105	34.3	135	26.6
46	78.4	76	47.4	106	33.9	136	26.4
47	76.7	77	46.8	107	33.7	137	26.2
48	75.	78	46.2	108	33.4	138	26.1
49	73.5	79	45.6	109	33.1	139	25.9
50	72.	80	45.	110	32.8	140	25.7
51	70.7	81	44.5	111	32.4	141	25.5
52	69.9	82	43.9	112	32.2	142	25.4
53	68.	83	43.4	113	31.8	143	25.2
54	66.7	84	42.8	114	31.6	144	25.
55	65.5	85	42.4	115	31.3	145	24.8
56	64.3	86	41.9	116	31.	146	24.7
57	63.2	87	41.4	117	30.8	147	24.5
58	62.	88	40.9	118	30.5	148	24.3
59	61.	89	40.5	119	30.3	149	24.2
60	60.	90	40.	120	30.	150	24.
61	59.1	91	39.6	121	29.8	151	23.8
62	58.2	92	39.1	122	29.5	152	23.7
63	57.2	93	38.7	123	29.3	153	23.5
64	56.3	94	38.4	124	29.	154	23.4
65	55.4	95	37.9	125	28.8	155	23.1
66	54.6	96	37.5	126	28.6	156	23.
67	53.8	97	37.1	127	28.4	157	22.9
68	53.	98	36.7	128	28.1	158	22.8
69	52.2	99	36.4	129	27.9	159	22.6

CHEMINS DE FER ANGLAIS.

RÉSUMÉ D'EXPÉRIENCES SUR LA VOIE LARGE ET LA VOIE ÉTROITE.

	UNITÉS employées	VOIE LARGE. — Machine Ixion, essayée de Padington à Didcot.		VOIE ÉTROITE essayée de York à Darlington. Machine A de Stephenson (1).			VOIE ÉTROITE essayée de York à Darlington. Machine l'Hercule.	
		1re expérience.	2e expérience.	1re expérience.	2e expérience.	3e expérience.	1re expérience.	2e expérience.
Date de l'expérience.	»	16 déc. 1845.	17 déc. 1845.	30 déc. 1845.	31 déc. 1845.	31 déc. 1845.	2 janv. 1846.	2 janv. 1846.
Distance totale parcourue. .	Kilom.	341,2	170,6	142,4	142,4	71,2	71,2	71,2
Poids du train remorqué. . .	Tonnes	81	61	52	51	81	203	406
Consommation de coke pendant la marche, par kilomètre.	Kilogr.	9,5	8,4	9,2	6,8	7,5	11,4	13,2
Consommation d'eau pendant la marche, par kilomètre.	Kilogr.	67,7	65,8	78.3	65,7	66,7	111,2	121,2
Quantité d'eau évaporée par un kilogramme de coke. .	Kilogr.	7,1	7.8	8,6	9,6	8,8	9,7	9,15
Vitesse moyenne du train par heure.	Kilom.	76,6	86,9	52,8	77,2	71,3	30,3	30,6
Vitesse maximum du train. .	Kilom.	86,9	93,2	88,5	91,7	82,1	41,8	45,1

(1) Cylindres de 0m38. — Course de 0m53. — Roues motrices de 1m98. — Machine à 6 roues. — Essieu moteur à l'arrière.

DÉPENSE D'EAU FAITE EN 1' PAR UN ORIFICE.

Table des hauteurs correspondantes à différentes vitesses, les unes et les autres étant exprimées en mètres.

Vitesse.	Hauteur correspondante.	Vitesse.	Hauteur correspondante.	Vitesse.	Hauteur correspondan.	Vitesse.	Hauteur correspondan.
m.	m.	m.	m.	m.	m.	m.	m.
0,01	0,00001	0,31	0,00490	0,61	0,0190	0,91	0,0422
0,02	0,00002	0,32	0,00522	0,62	0,0196	0,92	0,0431
0,03	0,00005	0,33	0,00555	0,63	0,0202	0,93	0,0441
0,04	0,00009	0,34	0,00589	0,64	0,0209	0,94	0,0450
0,05	0,00013	0,35	0,00625	0,65	0,0215	0,95	0,0460
0,06	0,00019	0,36	0,00660	0,66	0,0222	0,96	0,0470
0,07	0,00026	0,37	0,00697	0,67	0,0229	0,97	0,0480
0,08	0,00034	0,38	0,00735	0,68	0,0236	0,98	0,0490
0,09	0,00043	0,39	0,00775	0,69	0,0243	0,99	0,0500
0,10	0,00051	0,40	0,00816	0,70	0,0250	1,00	0,0510
0,11	0,00062	0,41	0,00860	0,71	0,0257	1,05	0,0562
0,12	0.00074	0,42	0,00900	0,72	0.0264	1,10	0,0617
0,13	0.00087	0,43	0.00940	0,73	0.0272	1,15	0.0674
0,14	0,00101	0,44	0,00980	0,74	0,0279	1,20	0,0734
0,15	0,00115	0,45	0,01030	0,75	0,0287	1,25	0,0797
0,16	0,00131	0,46	0,0108	0,76	0,0295	1,30	0,0861
0.17	0.00148	0,47	0,0112	0,77	0,0302	1,35	0,0929
0.18	0,00166	0,48	0,0117	0,78	0,0310	1,40	0,0999
0,19	0,00185	0,49	0,0122	0,79	0,0318	1,45	0,1072
0,20	0,00204	0,50	0,0127	0,80	0,0326	1,50	0,1147
0,21	0,00225	0,51	0,0132	0,81	0,0334	1,55	0,1225
0,22	0,00247	0,52	0,0138	0,82	0,0343	1,60	0,1305
0,23	0,00270	0.53	0.0143	0,83	0.0351	1,65	0.1388
0,24	0.00294	0,54	0,0148	0,84	0,0360	1,70	0,1473
0,25	0,00319	0,55	0,0154	0,85	0,0368	1,75	0,1561
0,26	0,00345	0,56	0.0160	0,86	0,0377	1,80	0,1651
0,27	0,00372	0,57	0,0165	0,87	0,0386	1,85	0,1745
0,28	0,00400	0,58	0,0171	0,88	0,0395	1,90	0,1840
0,29	0,00429	0,59	0,0177	0,89	0,0404	1,95	0,1938
0,30	0,00459	0,60	0,0184	0,90	0,0413	2,00	0,2039

Vitesse.	Hauteur correspondant.	Vitesse.	Hauteur correspondant.	Vitesse.	Hauteur correspondant.	Vitesse.	Hauteur correspondant.
m.	m.	m.	m.	m.	m.	m.	m
2,05	0,2142	4,05	0,8361	6,05	1,8658	8,05	3,3033
2,10	0,2248	4,10	0,8569	6,10	1,8968	8,10	3,3445
2,15	0,2356	4,15	0,8779	6,15	1,9280	8,15	3,3859
2,20	0,2467	4,20	0,8992	6,20	1,9595	8,20	3,4275
2,25	0,2580	4,25	0,9207	6,25	1,9912	8,25	3,4695
2,30	0,2696	4,30	0,9425	6,30	2,0232	8,30	3,5116
2,35	0,2815	4,35	0,9646	6,35	2,0554	8,35	3,5541
2,40	0,2936	4,40	0,9869	6,40	2,0879	8,40	3,5968
2,45	0,3060	4,45	1,0094	6,45	2,1207	8,45	3,6397
2,50	0,3186	4,50	1,0322	6,50	2,1537	8,50	3,6829
2,55	0,3315	4,55	1,0553	6,55	2,1869	8,55	3,7264
2,60	0,3446	4,60	1,0786	6,60	2,2205	8,60	3,7701
2,65	0,3580	4,65	1,1022	6,65	2,2542	8,65	3,8141
2,70	0,3716	4,70	1,1260	6,70	2,2883	8,70	3,8583
2,75	0,3855	4,75	1,1501	6,75	2,3225	8,75	3,9028
2,80	0,3996	4,80	1,1744	6,80	2,3571	8,80	3,9475
2,85	0,4140	4,85	1,1990	6,85	2,3919	8,85	3,9925
2,90	0,4287	4,90	1,2239	6,90	2,4269	8,90	4,0377
2,95	0,4436	4,95	1,2490	6,95	2,4622	8,95	4,0832
3,00	0,4588	5,00	1,2744	7,00	2,4978	9,00	4,1290
3,05	0,4742	5,05	1,3000	7,05	2,5336	9,05	4,1750
3,10	0,4899	5,10	1,3258	7,10	2,5696	9,10	4,2212
3,15	0,5058	5,15	1,3520	7,15	2,6060	9,15	4,2677
3,20	0,5220	5,20	1,3784	7,20	2,6425	9,20	4,3145
3,25	0,5384	5,25	1,4050	7,25	2,6794	9,25	4,3615
3,30	0,5551	5,30	1,4319	7,30	2,7164	9,30	4,4088
3,35	0,5721	5,35	1,4590	7,35	2,7538	9,35	4,4563
3,40	0,5893	5,40	1,4864	7,40	2,7914	9,40	4,5041
3,45	0,6067	5,45	1,5141	7,45	2,8292	9,45	4,5522
3,50	0,6244	5,50	1,5420	7,50	2,8673	9,50	4,6005
3,55	0,6424	5,55	1,5701	7,55	2,9057	9,55	4,6490
3,60	0,6606	5,60	1,5986	7,60	2,9443	9,60	4,6978
3,65	0,6791	5,65	1,6272	7,65	2,9832	9,65	4,7469
3,70	0,6978	5,70	1,6562	7,70	3,0223	9,70	4,7962
3,75	0,7168	5,75	1,6854	7,75	3,0617	9,75	4,8458
3,80	0,7361	5,80	1,7148	7,80	3,1013	9,80	4,8956
3,85	0,7556	5,85	1,7445	7,85	3,1412	9,85	4,9457
3,90	0,7753	5,90	1,7744	7,90	3,1813	9,90	4,9960
3,95	0,7953	5,95	1,8046	7,95	3,2217	9,95	5,0466
4,00	0,8156	6,00	1,8351	8,00	3,2624	10,00	5,0975

Dépense d'eau en 1″ par une vanne trempée de 1 mètre de longueur avec des ouvertures et des charges sur le seuil croissantes.

Ouverture verticale de la vanne.	0,20	0,30	0,40	0,50	0,60	0,70	0,80	0.90
m.	lit.	lit.	lit.	lit.	lit.	lit.	lit.	lit.
0,01	12,3	15,1	17,6	19,7	21,5	23,3	24,9	26,3
0,02	24,3	30,	34,9	38,9	42,8	46,4	49,6	52,6
0,03	35,9	43,7	52	58,9	64,1	69,3	74,2	78,8
0,04	47,4	59,2	70,8	77,4	85,0	92,2	98,7	104
0,05	58,3	73,1	85,4	101	106	115	122	130
0,06	69,2	87	102	115	126	138	147	156
0,07	79,4	101	118	133	147	159	171	181
0,08	89,2	114	134	152	167	181	195	207
0,09	99,2	127	150	169	187	203	218	232
0,10	108	139	165	188	207	226	241	257
0,11	117	152	180	205	227	248	264	282
0,12	125	164	195	222	246	268	288	306
0,13	133	176	210	239	265	289	311	331
0,14	141	187	224	257	284	310	334	356
0,15	148	198	239	273	303	330	357	380
0,16	155	210	257	290	323	351	379	405
0,17	160	220	266	306	340	371	401	429
0.18	167	230	280	322	359	392	424	453
0,19	»	240	293	338	377	412	445	477
0,20	»	249	306	353	395	432	467	500
0,21	»	259	319	368	412	452	489	523
0,22	»	268	330	383	430	471	510	546
0,23	»	277	343	398	447	490	531	570
0,24	»	284	354	413	464	510	552	592
0,25	»	292	366	427	481	529	573	614
0,26	»	300	377	441	497	548	594	637
0,27	»	306	386	455	513	566	614	659
0,28	»	313	398	469	529	585	634	681
0,29	»	»	409	482	546	603	655	703
0,30	»	»	419	495	562	621	675	725
0,31	»	»	428	508	578	638	695	747
0,32	»	»	437	521	592	656	715	768
0,33	»	»	446	534	607	574	734	789
0,34	»	»	455	545	622	690	753	810
0,35	»	»	463	557	637	708	772	831

Dépense d'eau en 1″ par une vanne trempée de 1 mètre de longueur avec des ouvertures et des charges sur le seuil croissantes.

1 m.	1,10	1,20	1,30	1,40	1,50	2 m.	3 m.	4 m.
lit.	lit.	lit.	lit.	lit.	lit.	lit.	lit.	lit.
27,8	29,2	30,5	31,7	33,0	34,1	39,4	48,3	55,7
55,5	58,9	60,9	63,5	66,1	70,1	78,7	96,5	111
83,1	87,3	91,2	95	99	103	118	145	167
110	116	121	126	131	136	157	193	223
136	144	151	158	163	170	196	241	278
166	172	181	189	196	204	235	289	334
191	201	211	220	228	237	274	337	389
218	230	241	250	260	270	312	384	444
245	257	270	282	292	303	351	432	499
272	286	299	312	324	336	390	480	554
298	313	328	343	356	369	428	528	609
324	341	357	373	388	402	466	577	664
350	369	386	403	420	435	505	626	719
377	396	415	433	451	468	544	675	774
402	424	444	463	482	490	582	724	829
428	451	473	493	513	532	620	773	884
454	478	501	522	544	564	658	817	938
479	503	529	543	575	596	695	861	993
504	532	558	563	606	628	733	904	1048
530	559	586	583	637	660	769	950	1102
554	585	613	640	667	692	807	997	1156
579	611	640	670	697	724	844	1044	1211
604	636	668	699	727	756	881	1090	1265
629	662	696	728	757	787	918	1136	1319
653	682	723	756	787	818	955	1182	1373
677	714	750	785	817	849	992	1228	1427
701	740	777	813	847	880	1028	1274	1480
725	766	804	842	877	911	1065	1321	1534
749	791	831	870	907	942	1102	1367	1588
772	816	858	898	937	973	1139	1413	1642
795	841	885	926	966	1004	1176	1459	1696
818	866	911	954	995	1034	1212	1505	1750
841	891	937	982	1024	1064	1248	1551	1804
864	915	963	1010	1053	1094	1284	1597	1858
887	939	989	1037	1081	1124	1320	1643	1911

Dépenses *d'eau par des lames en deversoir versant à l'air libre depuis* **1** *jusqu'à* **70** *centimètres d'épaisseur.*

Épaisseur.	LARGEURS.									
	0,10	0,20	0,30	0,40	0,50	0,60	0,70	0,80	0,90	1 m.
m.	lit.	lit.	lit.	lit.	lit.	lit.	lit.	lit.	lit.	lit.
0,01	0,18	0,36	0,54	0,72	0 90	1,08	1,26	1,44	1,62	1,81
0,02	0,50	1,00	1,50	2,00	2,50	3,00	3,50	4,00	4,50	5,01
0,03	0,92	1,84	2,76	2,68	4,50	5,52	6,44	5,36	6,28	9,21
0,04	1,41	2.82	3,23	3,64	7,05	6,46	9,87	7,28	8,69	14,11
0,05	1,98	3,96	5,94	4,96	9,90	11,88	13,86	9,92	11,90	19,81
0,06	2,60	5,20	7,80	10,40	13,00	15,60	19,20	20.80	22,40	26,00
0,07	3,28	6,56	9,84	13,12	16,40	19,68	22,96	26,24	29,52	32,80
0,08	4,00	8,00	10,00	16,00	20,06	20,00	28,00	32,00	36,00	40,0
0,09	4.79	9,58	14,37	19,16	23,95	28,74	33,53	38,32	43,11	47,9
0,10	5,60	11,20	16,80	22,40	28,00	33,60	39,20	44,80	49,40	56,0
0,11	6,47	12,94	19,41	24,88	32,35	38,82	45,29	49,76	58 23	64,7
0,12	7,39	14,78	22,17	29,56	36,95	44,34	51,73	59,12	66,51	73,9
0,13	8,32	16,64	24,96	33,28	41,60	49,92	58,24	66,56	74,88	83,2
0,14	9,22	18,44	27,66	36,88	46,10	55,32	64,54	73,76	82,98	92,2
0,15	10,32	20,64	30,96	41,28	51,60	61,92	72,24	82,36	92,88	103,2
0,16	11,39	22,78	34,17	45,56	56,95	68,34	79,73	91.12	102,51	113,1
0.17	12,44	24,88	37.32	49,76	62,20	74,64	87,08	99,52	111,96	124,4

Epaisseurs.	LARGEURS.									
	0,10	0,20	0,30	0,40	0,50	0,60	0,70	0,80	0,90	1 m.
m.	lit.	lit.	lit.	lit.	lit.	lit.	lit.	lit.	lit.	lit.
0,13	13,54	27,08	40,62	54,16	67,70	81,24	94,78	108,32	120,86	135,4
0,19	14,97	28,94	44,91	57,88	74,85	89,82	104,79	115,76	134,73	139,7
0,20	16,12	32,24	48,36	64,48	80,60	97,72	112,84	128,96	145,08	161,4
0,21	17,26	34,52	51,78	69,04	86,30	103,56	120,82	138,08	155,34	172,6
0,22	18,53	37,06	55,59	75,12	92,65	111,48	129,71	150,24	166,77	185,3
0,23	19,80	39,60	59,40	79,20	99,00	118,80	138,60	158,40	178,20	198,0
0,24	21,05	42,10	63,15	84,20	105,25	126,30	147,35	168,40	189,45	210,5
0,25	22,47	44,94	66,41	89,88	112,35	132,82	157,29	178,76	202,23	224,7
0,26	23,74	47,48	69,22	94 96	118,70	138,44	166,18	189,92	213,66	237,4
0,27	25,19	50,38	75 57	100,76	125,95	151,14	176,33	201,52	226,71	251,9
0,28	26,65	53,30	78,95	106,60	133,25	157,90	186 55	213,20	239,85	266,5
0,29	28,06	56,72	85,08	113,44	141,80	170,16	198,52	226,88	255.24	280,6
0,30	29,52	59,04	88,56	118,08	147,60	177,12	206,64	236,16	265,68	295,2
0,31	31,02	62,04	93,06	124,08	151,10	186,12	217,14	248,16	279,18	310,2
0,32	32,53	65,06	97,59	130,12	162,65	195,18	227,71	260,24	292,77	325,3
0,33	34,07	68,14	102,21	136,28	170,35	204,42	238,49	272,56	306,63	340,70
0,34	35,66	71,32	105,98	142,64	178,30	210,96	249,62	285,28	320,94	356,60

Epaisseurs.	LARGEURS.									
	0,10	0,20	0,30	0,40	0,50	0,60	0,70	0,80	0,90	1 m.
m.	lit.	lit.	lit.	lit.	lit.	lit.	lit.	lit.	lit.	lit.
0,35	37,27	74,54	111,81	149,08	186,35	223,62	260,89	298,16	335,43	372,70
0,36	38,78	77 46	114,34	154,92	193,90	228,68	271,40	309,84	349,02	387,80
0,37	40,45	80,90	121,35	161,80	202,25	242,70	283,15	322,60	364,05	404,50
0,38	42,12	84,24	126,36	168,48	240,60	252,72	294,84	336,96	379,01	421,2
0,39	43,74	87,48	131,22	174,96	217,70	262,44	306,18	349,92	393,66	437,4
0,40	45 52	91,04	136,56	182,08	227,60	273,12	318,64	364,16	409,68	455,2
0,41	47,14	94,28	141,42	188,56	235,70	282,84	329,98	377,12	424,26	471,4
0,42	48,62	97,24	145,86	194,48	243,10	291,72	340,34	388,96	437,58	486,2
0,43	50,72	101,44	152,16	202,88	253,60	304,32	355,04	405,70	456,48	507,2
0,44	52,41	104,82	157,23	208,64	262,05	314,46	366,87	417,28	471,69	524,1
0,45	54,27	108,54	162,81	217,08	271,35	325,62	379,89	434,16	488,43	542,7
0,46	56,09	113,18	168,27	224,36	280,45	336,54	392,63	448,72	504,81	560,9
0,47	57,91	115,82	173,73	231,64	289,55	347,46	405,37	463,28	520,19	579,1
0,48	59,70	119,40	179,10	238,80	298,50	358,20	417,90	477,60	537,30	597,0
0,49	61,56	123,12	184,68	246,24	307,80	269,36	431,92	492,48	554,04	615,6
0,50	63,39	126,78	190,17	253,56	316,95	380,34	443,73	507,12	570,51	633,9
0,51	65,60	131,20	196,80	262,40	328,00	393,60	459,20	524,80	590,40	656,0
0,52	67,22	134,44	201,66	208,88	336,10	403,32	470,54	536,76	604,98	672,2

Epaisseurs.	LARGEURS.									
	0,10	0,20	0,30	0,40	0,50	0,60	0,70	0,80	0,90	1 m.
m.	lit.	lit.	lit.	lit.	lit.	lit.	lit.	lit.	lit.	lit.
0,53	69,25	138,50	207,75	277,00	346,25	415,50	484,75	554,00	623,25	692,5
0,54	71,28	142,56	213,84	284,12	356,40	426,68	498,96	568,24	641,52	712,8
0,55	73,25	146,50	219,75	293,00	366,25	439,50	512,75	586,00	659,25	732,5
0,56	75,32	150,64	225,96	301,28	376,60	451,92	537,24	602,56	677,88	753,2
0,57	77,34	154,68	232,02	309,36	386,70	464,04	541,38	618,72	696,06	773,4
0,58	79,25	158,50	237,75	317,00	396,15	475,50	554,75	634,00	713,25	792,5
0,59	81,25	162,50	243,75	325,00	406,15	487,50	568,75	650,00	731,25	812,5
0,60	83,25	166,50	249,75	333,00	416,15	499,50	582,75	666,00	749,25	832,5
0,61	85,06	170,42	255,48	340,24	425,30	510,36	595,42	680,48	767,54	850,6
0,62	87,64	175,28	262,92	350,56	438,20	525,84	613,48	701,12	788,76	876,4
0,63	89,83	179,76	269,49	359,52	449,15	538,98	628,81	719,04	808,47	898,3
0,64	91,85	183,70	274,55	367,40	459,15	549,10	642,95	734,80	826,65	918,5
0,65	93,96	187,92	281,88	375,84	469,80	563,76	657,72	751,68	845,64	939,6
0,66	96,23	192,46	288,69	384,92	481,15	576,38	673,61	769,84	866,07	962,3
0,67	98,49	196,98	265,47	393,96	492,45	590,94	689,43	787,82	886,41	984,9
0,68	100,52	201,04	301,56	402,08	502,60	603,12	703,64	804,16	904,68	1005,2
0,69	102,81	205,62	308,43	411,24	514,05	616,86	719,67	822,48	925,29	1028,1
0,70	105,17	210,34	315,51	420,68	535,75	631,02	736,19	841,36	946,53	1051,7

Mouvement de l'eau dans les conduites de divers diamètres, établissant les relations entre les volumes écoulés, en litres ou en pouces, la charge par mètre, et la vitesse.

(Extrait des ***Notice et Table** destinées à faciliter les **calculs des élém**. d'une distrib. d'eau*, par M. Mary, ing. en chef des p. et ch.

Diamètre.	CHARGE.	VITESSE.	CHARGE.	VITESSE.	CHARGE.	VITESSE.	CHARGE.	VITESSE.	CHARGE.	VITESSE.
	Volume 0.99977 = 4 P 50		Volume 1.99953 = 9 P		Volume 3.1103 = 14 P		Volume 3.999 = 18 P		Volume 5.11 = 23 P	
0.06	0.00 330 06	0.353 23	0.01 228 36	0.703 10	0.0 299 14	1.0 993	0.04 798 0	1.4 131	0.07 791	1.8 057
0.081	0.00 082 222	0.194 86	0.00 294 814	0.389 74	0.0 068 36	0.6 064	0.01 110 3	0.7 795	0.01 791 4	0.9 961
0.108	0.00 022 592	0.109 15	0.00 075 407	0.218 39	0.0 017 851	0.3 396	0.00 274 1	0.4 366	0.00 441 1	0.5 579
0.162	0.00 004	0.048 48	0.00 012 246	0.097 01	0.0 002 592	0.1 5	0.00 042 59	0.1 990	0.00 063 50	0.2 479
0.216	0.00 001 314	0.027 43	0.00 003 592	0.054 56	0.0 000 755	0.0 86	0.00 011 13	0.1 092	0.00 017 22	0.1 395
0.25	0.00 000 8	0.020 35	0.00 002 144	0.040 89	0.0 000 405	0.0 688	0.00 005 92	0.0 814	0.00 008 96	0.1 041
0.30	0.00 000 426	0.014 13	0.00 000 986	0.028 28	0.0 000 194	0.0 44	0.00 002 83	0.0 566	0.00 004 05	0.0 723
0.35	0.00 000 228	0.010 413	0.00 000 605	0.020 79	0.0 000 103	0.0 323	0.00 001 53	0.0 415	0.00 003 05	0.0 531
0.40	0.00 000 158	0.007 956	0.00 000 380	0.015 972	0.0 000 068	0.0 263	0.00 000 9	0.0 318	0.00 001 34	0.0 406
0.45	0.00 000 112	0.006 282	0.00 000 257	0.012 570	0.0 000 444	0.0 196	0.00 000 577	0.0 251	0.00 000 8	0.0 321
0.50	0.00 000 08	0.005 093	0.00 000 161	0.010 181	0.0 000 296	0.0 153	0.00 000 4	0.0 204	0.00 000 544	0.0 261
0.60	0.00 000 046	0.003 536	0.00 000 093	0.007 073	0.0 000 153	0.0 11	0.00 000 213	0.0 141	0.00 000 293	0.0 181
	Volume 5.999 = 27 P		Volume 7.109 = 32 P		Volume 7.998 = 36 P		Volume 9.109 = 40 P		Volume 9.998 = 45 P	
0.06	0.10 68	2.11 98	0.14 905 5	2.50 88	0.18 868 5	2.82 62	»	»	»	»
0.081	0.02 446 1	1.16 8	0.03 422 4	1.38 57	0.04 313 5	1.55 91	0.05 576 6	1.77 56	0.06 702 7	1.94 89
0.108	0.00 595 1	0.65 49	0.00 826 6	0.77 61	0.01 039 1	0.87 31	0.01 338 2	0.99 44	0.01 603 7	1.09 15
0.162	0.00 085 23	0.29 11	0.00 117 16	0.34 49	0.00 146 02	0.38 81	0.00 186 81	0.44 20	0 00 225 43	0.48 52
0.216	0.00 022 63	0.16 37	0.00 030 51	0.19 40	0.00 037 70	0.21 82	0.00 047 98	0.24 86	0.00 056 85	0.27 29
0.25	0.00 011 76	0.12 22	0.00 015 76	0.14 48	0.00 019 4	0.16 29	0.00 025 28	0.18 96	0.00 028 8	0.20 38
0.30	0.00 005 33	0.08 49	0.00 007 05	0.10 06	0.00 008 53	0.11 32	0.00 010 67	0.12 89	0.00 012 66	0.14 15
0.35	0.00 002 77	0.06 23	0.00 003 63	0.07 39	0.00 004 39	0.08 31	0.00 005 49	0.09 47	0.00 006 35	0.10 39
0.40	0.00 001 62	0.04 77	0.00 002 06	0.05 65	0.00 002 54	0.06 36	0.00 003 04	0.07 25	0.00 003 57	0.07 96
0.45	0.00 010 66	0.03 77	0.00 001 333	0.04 47	0.00 001 511	0.05 03	0.00 001 888	0.05 72	0.00 002 199	0.06 29
0.50	0.00 000 68	0.03 06	0.00 000 88	0.03 62	0.00 001 072	0.04 07	0.00 001 232	0.04 62	0.00 001 403	0.05 09
0.60	0.00 000 353	0.02 118	0.00 000 433	0.02 513	0.00 000 493	0.02 821	0.00 000 583	0.03 176	0.00 000 687	0.03 465

Diamètre.	Volume 15,108 = 68 P		Volume 19,995 = 90 P		Volume 24,883 = 112 P		Volume 30,215 = 136 P		Volume 35,103 = 158 P	
0,081	0,1 521 753	2,9 450	»	»	»	»	»	»	»	»
0,108	0,0 361 311	1,6 493	0,0 628 52	2,1 829	0,09 689 11	2,7 165	»	»	»	»
0,162	0,0 049 331	0,7 330	0,0 085 08	0,9 701	0,01 304 49	1,2 072	0,00 191 081	1,4 660	0,02 557 77	1,7 032
0,216	0,0 012 262	0,4 123	0,0 020 961	0,5 457	0,00 326 48	0,6 873	0,00 469 83	0,8 287	0,00 622 66	0,9 581
0,25	0,0 006 128	0,3 078	0,0 010 368	0,4 073	0,00 157 28	0,5 069	0,00 228	0,6 155	0,00 304 8	0,7 15
0,30	0,0 002 624	0,2 138	0,0 004 377	0,2 830	0,00 065 65	0,3 522	0,00 094 91	0,4 276	0,00 124	0,4 954
0,35	0,0 001 292	0,1 570	0,0 002 134	0,2 098	0,00 031 78	0,2 587	0,00 045 44	0,3 141	0,00 062 3	0,3 649
0,40	0,0 000 71	0,1 202	0,0 001 158	0,1 591	0,00 017 1	0,1 98	0,00 024 3	0,2 405	0,00 031 5	0,2 77
0,45	0,0 000 426	0,0 950	0,0 000 682	0,1 257	0,00 010 052	0,1 565	0,00 014 133	0,1 9	0,00 018 551	0,2 207
0,50	0,0 000 271	0,0 769	0,0 000 429	0,1 016	0,00 006 24	0,1 268	0,00 008 736	0,1 54	0,00 001 141	0,1 788
0,60	0,0 000 127	0,0 534	0,0 000 195	0,0 707	0,00 002 827	0,0 88	0,00 003 868	0,1 069	0,00 005	0,1 241

Diamètre.	Volume 39,991 = 180 P		Volume 45,545 = 205 P		Volume 49,988 = 225 P		Volume 55,543 = 250 P		Volume 59,986 = 270 P	
0,162	0,0 331 928	1 94 03	0,0 429 457	2,20 96	0,0 515 16	2,425 4	0,0 636 111	2,694 7	0,0 740 617	2,910 2
0,216	0,0 080 274	1 09 15	0,0 103 637	1,24 3	0,0 124 366	1,364 6	0,0 153 089	1,515 9	0,0 178 077	1,637 2
0,25	0,0 039 232	0 81 46	0,0 049 856	0,92 78	0,0 060 592	1,018 3	0,0 074 418	1,131 5	0,0 086 582	1,222 0
0,30	0,0 016 181	0 56 60	0,0 020 807	0,64 48	0,0 024 849	0,707 4	0,0 030 501	0,786 1	0,0 035 187	0,846 1
0,35	0,0 007 691	0,41 57	0,0 009 862	0,47 34	0,0 011 77	0,519 6	0,0 014 393	0,577 3	0,0 016 7	0,623 5
0,40	0,0 004 08	0,31 83	0,0 005 207	0,36 24	0,0 006 204	0,397 8	0,0 007 567	0,442 0	0,0 008 77	0,477 4
0,45	0,0 002 354	0,25 21	0,0 002 965	0,28 637	0,0 003 534	0,314 31	0,0 004 307	0,349 235	0,0 004 983	0,377 172
0,50	0,0 001 443	0,20 367	0,0 001 835	0,23 297	0,0 002 134	0,253 118	0,0 002 539	0,278 303	0,0 003 012	0,305 501
0,60	0,0 000 627	0,14 14	0,0 000 788	0,16 108	0,0 000 932	0,176 796	0,0 001 12	0,196 441	0,0 001 282	0,212 16

Diamètre.	Volume 65,54 = 295 P		Volume 69,984 = 315 P		Volume 75,538 = 340 P		Volume 79,981 = 360 P		Volume 85,536 = 385 P	
0,216	0,021 215	1,78 9	0,024 165	1,91 1	0,028 083	2,06 2	0,031 462	2,18 4	0,035 912	2,33 5
0,25	0,010 301	1,33 51	0,011 719	1,42 56	0,013 618	1,53 86	0,015 237	1,62 929	0,017 392	1,74 244
0,30	0,004 204	0,92 754	0,004 78	0,99 042	0,005 552	1,06 902	0,006 212	1,13 190	0,007 079	1,21 05
0,35	0,001 983	0,68 12	0,002 25	0,72 74	0,002 608	0,78 513	0,002 913	0,83 135	0,003 314	0,88 81
0,40	0,001 038	0,52 155	0,001 177	0,55 691	0,001 362	0,60 111	0,001 519	0,63 647	0,001 738	0,68 067
0,45	0,000 589	0,41 209	0,000 667	0,44 005	0,000 772	0,47 5	0,000 86	0,50 296	0,000 979	0,53 791
0,50	0,000 357	0,33 379	0,000 402	0,35 643	0,000 466	0,38 473	0,000 518	0,40 737	0,000 59	0,43 567
0,60	0,000 152	0,23 18	0,000 17	0,24 752	0,000 196	0,26 717	0,000 219	0,28 289	0,000 246	0,30 254

Diamètre.	CHARGE.	VITESSE.	CHARGE.	VITESSE.	CHARGE.	VITESSE.	CHARGE.	VITESSE.	CHARGE.	VITESSE.
	Volume 89.979 = 405 p		Volume 95.534 = 430 p		Volume 99.977 = 450 p		Volume 109.975 = 495 p		Volume 119.973 = 540 p	
0.216	0.397 22	2.457	0.014 702	2.608	0.048 942	2.73	»	»	»	»
0.25	0.019 23	1.832 96	0.021 641	1.946 11	0.023 663	2.036 63	0.028 579 2	2.240 3	0.033 96	2.443 9
0.30	0.007 819	0.273 38	0.008 8	1.351 98	0.009 624	1.414 86	0.011 602 7	1.556 4	0.013 780 1	1.697 9
0.35	0.003 656	9.934 3	0.004 113	0.992 05	0.004 491	1.038 25	0.005 420 7	1.143 1	0.006 436 1	1.246 96
0.40	0.001 91	0.716 03	0.002 143	0.760 23	0.002 339	0.795 59	0.002 818	0.875 2	0.003 342	0.954 72
0.45	0.001 078	0.565 87	0.001 211	0.600 82	0.001 321	0.628 78	0.001 584 8	0.691 5	0.001 876	0.754 4
0.50	0.000 648	0.458 31	0.000 728	0.486 61	0.000 792	0.509 25	0.000 951 2	0.560 1	0.001 121 6	0.610 5
0.60	0.000 271	0.318 26	0.000 304	0.337 91	0.000 33	0.353 63	0.000 396 1	0.389	0.000 466	0.424 3
	Volume 131.081 = 590 p		Volume 139.967 = 630 p		Volume 151.076 = 680 p		Volume 159.963 = 720 p		Volume 171.071 = 770 p	
0.25	0.040 464	2.670 2	0.046 081 8	2.851 2	»	»	»	»	»	»
0.30	0.016 407 3	1.855 04	0.018 68	1.980 8	0.021 719 7	2.138	0.024 324	2.263 83	0.277 76	2.421 03
0.35	0.007 653	1.362 44	0.008 737 1	1.454 8	0.010 121 1	1.570 27	0.011 336 5	1.662 63	0.129 346	1.778 08
0.45	0.003 909 5	1.043 14	0.004 515	1.113 86	0.005 240 2	1.202 26	0.005 864 3	1.272 98	0.006 686 7	1.361 38
0.41	0.002 228 9	0.824 2	0.002 532 4	0.880 08	0.002 940 4	0.949 92	0.003 288 2	1.005 8	0.003 749 8	1.075 65
0.59	0.001 331 7	0.666 69	0.001 511 4	0.712 33	0.001 754	0.769 4	0.001 963 6	0.814 64	0.002 234 6	0.871 19
0.60	0.000 553 7	0.463 61	0.000 626	0.495 05	0.000 723 7	0.534 33	0.000 809	0.565 77	0.000 92	0.605 07
	Volume 182.179 = 820 p		Volume 191.066 = 860 p		Volume 199.953 = 900 p		Volume 235.500 = 1060 p		Volume 266.604 = 1200 p	
0.30	0.031 451 8	2.578 23	0.034 576	2.703 99	0.037 842 6	2.829 75	»	»	»	»
0.35	0.014 637 6	1.893 55	0.016 091	1.985 92	0.017 598 4	2.078 29	0.024 336	2.447 73	0.031 11	2.770 99
0.40	0.007 573	1.449 78	0.008 31	1.520 5	0.009 091 3	1.591 22	0.012 555	1.874 07	0.016 050	2.121 66
0.45	0.004 242 3	1.145 97	0.004 650 3	1.201 37	0.005 084 7	1.257 24	0.007 111	1.490 76	0.008 953	1.676 34
0.50	0.002 527 9	0.927 82	0.002 772 8	0.973 08	0.003 028 5	1.018 34	0.004 172	1.199 38	0.005 326	1.357 79
0.60	0.001 037 2	0.644 33	0.001 130 3	0.675 73	0.001 242 4	0.707 13	0.001 707	0.833	0.002 173	0.943 04

Produit des pouces dits de fontainier, par seconde, par minute, par heure et par jour.

Nombre des unités de temps.	Secondes.	Minutes.	Heures.	Jours.
	m. c.	m. c.	m. c.	m. c.
1	0.000 222 166	0.0133 299	0.7998	19.1953
2	0.000 444 333	0.0266 599	1.5996	38.3906
3	0.000 666 499	0.0399 899	2.3994	57.5859
4	0.000 888 666	0.0533 199	3.1992	76.7812
5	0.001 110 833	0.0666 499	4.9990	95.9765
6	0.001 332 999	0.0799 799	4.7988	115.1718
7	0.001 555 166	0.0933 099	5.5986	134.3671
8	0.001 777 333	0.1066 399	6.3984	153.5624
9	0.001 999 499	0.1199 699	7.1982	172.7577
10	0.002 221 666	0.1332 999	7.9980	191.9530

Proportion des coudes arrondis pour le service des eaux de Paris.

Diamètre des conduites.	Rayon du cercle de raccordement des axes.	Développement de l'axe du coude en 5 parties de la circonférence.
m		
0.05 0.06	0.45	0.250
0.08 0.10	0.50	0.250
0.15	0.75	0.250
0.20	1.00	
0.25 et au-dessus.	1.50	0.125

Poids du pied courant des tuyaux de plomb, suivant leur diamètre et leur épaisseur.

Diamètres intérieurs.	Poids du pied à l'épaisseur de				
	1 ligne.	1 lig. 1/2	2 lignes.	2 lig. 1/2	3 lignes.
pouc. lig.	kil.	kil.	kil.	kil.	kil.
0 4	0.300	0.500	0.700	1.000	0.
0 6	0.400	0.700	1.000	1.300	0.
0 9	0.600	1.000	1.300	1.700	0.
1 0	0.800	1.200	1.700	2.100	2.700
1 3	1.000	1.500	2.100	2.600	3.200
1 6	1.200	1.800	2.400	3.000	3.800
1 9	1.300	2.000	2.800	3.500	4.300
2 0	1.500	2.300	3.100	4.000	4.900
2 6	0.	0.	3.900	4.900	5.500
3 0	0.	0.	4.600	5.800	7.000
3 6	0.	0.	5.000	6.700	8.100
4 0	0.	0.	6.000	7.000	9.200

Poids et épaisseurs des tuyaux en fer étiré.

Diamètre intérieur des tubes		Épaisseur		POIDS au pied anglais.	POIDS au mètre.
en mètres.	en l. angl.	en millim.	en l. angl.		
m.	lig.	mm.	lig.	liv. angl.	kil.
0 013	6	0.003	1 1/2	1	1.50
0 019	9	0.004	2	1 1/2	2.25
0.025	12	0.004	2	1 3/4	2.60
0.031	15	0.004	2	2 3/4	4.15
0.038	18	0.005	2 1/2	3 1/4	6.
0.051	24	0.006	3	5 1/2	10.50
0.057	27	0.0065	3 1/4	8 3/4	12.05
0 064	30	0.007	3 1/2	9 2/3	14.50

Tuyaux de fonte pour conduite d'eau et conduite de gaz sur 1 mètre de longueur.

Diamètre des tuyaux.	Tuyaux à eau.		Tuyaux à gaz.	
	Epaisseurs.	Poids.	Epaisseurs.	Poids.
	mill.	kil.	mill.	kil.
0.03	»	»	6	4.07
0.06	10.5	14.46	6	8.12
0.09	10.63	24.22	6	12.18
0.12	10.84	32.11	8	21.65
0.15	11	40.29	8	27.13
0.18	11.25	48.75	8	32.50
0.21	11.47	57.52	8	38
0.24	11.68	66.50	5	43.50
0.27	11.89	75.80	10	61
0.30	12	85	10	68
0.33	12.30	95	10	74
0.40	12.80	120	11	110
0.50	13.50	157	12	145

Poids des tuyaux de plomb par mètre de longueur.

Diamètre du tuyau.	Poids.	Diamètre du tuyau.	Poids.
m.	kil.	m.	kil.
0.01	2.67	0.06	18.
0.02	5.	0.081	26.83
0.03	7.70	0.108	42.79
0.04	10.78	0.15	63.33
0.05	14.23		

Dimensions des tuyaux de conduite pour le service des distributions d'eau dans les villes.

DIAMÈTRE DES TUYAUX.	LONGUEUR des tuyaux.		ÉPAISSEUR des tuyaux		EMBOÎTEMENT.			FILETS.			CORDONS			BRIDES.				
	1° Avec renflement d'un bout et cordon de l'autre ; 2° Avec renflement d'un bout et bride de l'autre.	3° Avec bride d'un bout et cordon de l'autre ; 4° Avec bride aux deux bouts.	d'après les proportions en usage à Paris.	d'après la formule proposée.	Longueur.	Epaisseur.	Diamètre intérieur.	Largeur.	Saillie sur le tuyau.	Nombre.	au petit bout.		Diamètre sur le renflement.	Diamètre extérieur.	Diamètre passant au centre des trous.	Epaisseur à la jonction du tuyau.	Froit.	Nombre des trous.
m.	m.	m.	m.	m.	m.	m.	m.	m.	m.		m.	m.	m.	m.	m.	m.	m.	
0.05	1.60	1.50	0.0110	0.0097	0.10	0.015	0.090	0.08	0.0035	2	0.010	0.005	0.014	0.195	0.158	0.016	0.003	3
0.06			0.0112	0.0099			0.100	0.08						0.205	0.168			
0.08	2.12	2.00	0.0116	0.0106	0.12	0.016	0.120	0.08	0.0040	2	0.012	0.006	0.015	0.225	0.188	0.020	0.004	4
0.10			0.0120	0.0109			0.140	0.08						0.245	0.208	0.024		
0.15	2.65	2.50	0.0130	0.0121	0.15	0.020	0.195	0.08	0.0050	3	0.015	0.007	0.020	0.301	0.268	0.025	0.005	6
0.20			0.0140	0.0133			0.245	0.08						0.355	0.320	0.030		6
0.25			0.0150	0.0145			0.300	0.08						0.410	0.375	0.035		6
0.30			0.0160	0.0156			0.350	0.08						0.470	0.430	0.040		8
0.35	2.70	2.50	0.0170	0.0168	0.20	0.025	0.410	0.08	0.0050	3	0.020	0.008	0.025	0.530	0.495	0.045	0.005	8
0.40			0.0180	0.0180			0.460	0.08						0.585	0.547	0.045		9
0.45			0.0190	0.0192			0.510	0.08						0.650	0.605	0.045		9
0.50			0.0200	0.0204			0.560	0.08						0.700	0.655	0.045		12
0.60			0.0220	0.0228			0.650	0.08						0.800	0.755	0.045		12

Tableau des épaisseurs pratiques à donner aux chaudières cylindriques en tôle ou en cuivre laminé.

DIAMÈTRES des chaudières.	NUMÉROS DES TIMBRES exprimant les tensions de la vapeur dans la chaudière.						
	2 atmosph.	3 atmosph.	4 atmosph.	5 atmosph.	6 atmosph.	7 atmosph.	8 atmosph.
mètres.	millim.	millim.	millim.	millim.	millim.	millim.	millim.
0.50	3.90	4.80	5.70	6.60	7.50	8.40	9.30
0.55	3.99	4.98	5.97	6.96	7.95	8.94	9.33
0.60	4.08	5.16	6.24	7.32	8.40	9.48	10.56
0.65	4.17	5.34	6.51	7.68	8.85	10.02	11.19
0.70	4.26	5.52	6.78	8.04	9.30	10.56	11.82
0.75	4.35	5.70	7.05	8.40	9.75	11.10	12.45
0.80	4.44	5.88	7.32	8.76	10.20	11.64	13.08
0.85	4.53	6.06	7.59	9.12	10.65	12.18	13.71
0.90	4.62	6.24	7.86	9.48	11.10	12.72	14.34
0.95	4.71	6.42	8.13	9.84	11.55	13.26	14.97
1.00	4.80	6.60	8.40	10.20	12.20	13.80	15.60

Tableau des épaisseurs pratiques à donner aux têtes de bouilleurs et de chaudières en tôle ou en cuivre laminé (Tableau n° 2.)

NOMBRE de chevaux.	LONGUEUR de la chaudière.	LONGUEUR de chacun des deux bouilleurs.	DIAMÈTRE de la chaudière.	DIAMÈTRE des bouilleurs.	ÉPAISSEUR de la tête de la chaudière.	ÉPAISSEUR de la tête des bouilleurs
	mètres.	mètres.	mètres.	mètres.	millim.	millim.
2	1.65	1.75	0.66	0.28	8	8
4	2.10	2.20	0.70	0.30	8	8
6	2.45	2.60	0.75	0.35	9	10
8	2.80	2.95	0.80	0.35	10	10
10	3.25	3.40	0.80	0.35	10	10
15	5.00	5.15	0.80	0.44	10	10
20	6.80	7.00	0.85	0.50	10	10
25	8.50	8.65	0.85	0.50	10	10
30	9.20	9.50	1.00	0.60	10.5	10
40	10.00	10.38	1.10	0.60	11	10

TABLE DES DIMENSIONS DES PARTIES PRINCIPALES DE MM. MAUDSLAY FILS ET FIELD.—(*Extrait du Traité*

DÉSIGNATION DES DIVERSES PARTIES. EN FRANÇAIS.	EN ANGLAIS.	10 centimètre
DIAMÈTRES	DIAMETER OF	
Du cylindre.	Cylinder.	50,8
De la tige du piston.	Piston rod.	5,1
De la pompe à air.	Air-pump.	30,5
De la tige de la pompe à air.	Air-pump rod.	3,2
Du robinet d'injection.	Injection-cock.	3,2
De la pompe à eau chaude.	Hat-water pump.	5,7
Du tuyau d'alimentation.	Feed pipe.	3,8
Du tuyau à vapeur.	Steam-pipe.	10,2
Du tuyau de décharge de l'eau de condensation.	Wasse water-pipe..	12,7
De l'axe principal du balancier. . . .	Beam gudgeon.	8,9
Des axes extrêmes du balancier. . . .	Pins in beam ands.	5,1
Des tourillons sur le balancier des bielles de la pompe à air..	Air-pump pins' in beam.	3,2
Du bouton de la manivelle..	Crank-pin.	6,3
De l'arbre moteur.	Main shaft..	10,8
Des roues à aubes.	Paddle whelols in feet.	274
Des tourillons de l'arbre de commande des tiroirs.	Weigh-shaft beaning.	5,1
LONGUEUR DE LA COURSE	STROKE OF	
Du piston du cylindre..	Piston..	61,0
Du piston de la pompe à air.	Air-pump bucket..	30,5
Du piston plongeur de la pompe alimentaire.	Feed pump plunger..	15,2
TRAVERSE DE LA TIGE DU CYLINDRE.	CYLINDER CROSS HEAD.	
Hauteur de la douille d'assemblage.. .	Depth of boss..	15,2
Diamètre idem.	Diameter of boss.	10,2
Largeur au milieu de la traverse.. . .	Breadth of middle.	12,7
Épaisseur de la traverse..	Thickness.	3,8
TRAVERSE DE LA TIGE DE LA POMPE A AIR.	AIR PUMP CROSS HEAD.	
Hauteur de la douille d'assemblage. .	Depth of boss..	11,4
Diamètre idem.	Diameter of boss..	7,0
Largeur au milieu de la traverse.. . .	Breadth of middle.	8,9
Épaisseur de la traverse.	Thickness.	2,5
COLONNES DE SUPPORT.	COLUMNS.	
Diamètre en haut.	Diameter at top.	10,2
Diamètre en bas.	Diameter at bottom..	11,4
DISTANCE DE CENTRE A CENTRE.	CENTRE TO CENTRE OF	
Des bielles latérales de la pompe à air.	Air pump, side-rods transversly.	74,9
Des balanciers (du même cylindre).. .	Beams ditto.	83,8
Des deux flasques du châssis.	Frames ditto.	53,3
Des cylindres des deux machines.. . .	Engines ditto.	168
LUMIÈRES A VAPEUR.	STEAM PORT.	
Largeur.	Breadth.	19,0
Hauteur.	Height.	3,8
SOUPAPE A CLAPET.	FORS VALVE PASSAGE.	
Hauteur.	Depth.	5,1
Longueur.	Length..	33,0
BALANCIER.	BEAM.	
Largeur au milieu.	Freadth at middle.	35,6
Idem aux extrémités..	Breadth at ends.	38,1
Épaisseur.	Thickness.	2,5

PUISSANCE NOMINALE EN CHEVAUX-VAPEUR :												
15 — centimètre	20 — centimètre	25 — centimètre	30 — centimètre	40 — centimètre	50 — centimètre	60 — centimètre	70 — centimètre	80 — centimètre	90 — centimètre	100 — centimètre	110 — centimètre	120 — centimètre
61,0	68,6	74,9	81,3	92,7	102	109	117	122	127	133	141	145
6,0	7,0	7,6	8,4	8,9	10,2	10,8	11,4	12.1	12,4	12,7	13,3	14,0
38,1	43,2	44,4	47,0	53,3	58,4	6,1	66,0	70,0	71,1	76,2	80,6	86,4
4,4	5,1	5,4	5,7	6,3	7,0	5,4	7,6	8,3	8,9	9,5	10,2	10,8
3,8	4,1	4,4	5,1	5,7	6 3	7,0	7,6	7 9	8,3	8,3	8,6	8,9
6,3	7,6	8,4	8,9	10,2	10.8	11,4	12,7	14,0	15,2	16,5	17,8	19,0
4,4	5,1	5 4	5,7	6,3	6,3	7,0	7,6	8,3	8,3	8,9	8,9	10,2
12,7	14,6	15,2	16,5	17,8	19,7	21,6	23,5	25,4	26,7	27,9	29,2	30,5
15,2	17,8	19,0	20,3	22,9	24,1	25,4	26,7	29,2	31,1	33,0	34,3	35,6
10,8	12,7	13,3	14,0	15,2	16.5	17,8	19,0	20,3	21,6	22,9	24,1	24,8
6,0	7,0	7,6	8,3	8,9	10,2	10,8	11,4	11,4	12,7	13,3	13,3	14,0
4,1	4.4	4,8	5,1	5,7	6,3	6,3	7,3	7,3	7,6	7,9	7,9	8,3
7,6	8,9	9,5	10,2	11,4	12,7	14,0	15,2	16,5	17,8	18,7	19,7	20,3
14,0	15.9	17,1	17,8	19,0	21,6	23,5	25,4	26,0	26,7	29,2	30,5	31,7
335	335	366	396	396	457	518	518	579	579	640	640	701
5,7	6,3	6,3	6,7	5,7	7,0	7,0	7,6	8,3	8,3	8,9	9,5	9,
76,2	76,2	83,8	91,4	91,4	107	122	132	142	152	160	168	183
38,1	38,1	41,9	45,7	45,7	53,3	61,0	66,0	71,1	76,2	80,0	83,8	91,4
19,0	19,0	20,3	22,9	22,9	26,7	30,5	33,0	35,6	38,1	40,6	41,9	45,7
19,0	20,3	22,9	24,1	26,7	30,5	33,0	35,6	36,8	38,1	40.6	43,2	44,5
11,4	12,7	14,6	15,2	17,1	19,0	20.3	22,2	22,9	24,1	25,4	27,9	30,5
14,0	15,9	17,9	19,0	21,6	24,1	26,0	29,2	29,9	31,7	33.0	34,3	35,6
4,1	4,4	5,1	5,7	6,3	7,0	7,6	8,3	8,9	8,9	9,5	10,2	10,5
12,7	14,0	16,5	17,1	20,3	22,9	25,4	26,7	27,3	27,9	29,2	30,5	31,7
8,6	8,9	10,2	10,5	11,7	13,0	13,3	14,6	15,2	16,5	17,1	18,4	19,0
10,2	11,4	12,7	13,3	15,9	17,8	19,4	20,3	21,0	21,6	22,9	23,5	24,1
2,9	3,2	3,5	3,8	4,4	5,1	5,4	5,7	5,7	6,0	6,3	7,0	7,0
12,1	13,0	14,0	15,2	17.8	20,3	21,0	23,2	23,5	24,1	25,4	26,0	26,7
14,0	15,9	16,2	17,1	19,7	22,9	23,8	26,7	27,3	27,9	29,2	29,9	30,5
87,0	95,0	100	107	121	135	142	154	160	170	174	178	183
99,0	108	114	122	137	152	160	175	175	183	198	203	211
58,4	64,8	66,0	68,6	76,2	86,4	86 4	102	102	107	112	114	117
183	193	20,3	213	22,4	244	25,4	274	274	284	320	325	330
22.2	25,4	27,9	29,2	33,0	38,1	47,0	47,0	48,3	48,3	50,8	50,8	53,3
4,4	5,1	5,7	6,3	7,0	7,6	7,6	10,2	10,8	10,8	11,4	12,1	12,1
5,1	6,3	6,3	8,3	9,5	10 2	11,4	12,7	14,0	14,0	15,2	16,5	17,8
35,6	39,4	43,2	45,7	50,8	61,0	66,0	71.1	73,7	73,7	78,7	78,7	81,3
45,7	48,3	53,3	58.4	63,5	71,1	73,7	83,8	84,6	88,9	91,4	96,5	99,1
15,2	17,1	19,0	20,3	22,2	25,4	26,7	30,5	31,1	32,4	35 6	38,1	39,4
2,9	2,9	3,5	3,8	4,4	4,8	5.1	5,7	6,0	6,3	6,3	6,3	6,7

TABLEAU

DES DIMENSIONS PRINCIPALES DE LA LOCOMOTIVE A VOYAGEURS, LE GREAT WESTERN.

Boîte à feu, extérieurement. . . .	1m830 de large sur 1m677 de long.
Dito, intérieurement. . . .	1m601 de large sur 1m474 de long.
Hauteur de la boîte à feu au-dessus de la grille.	1m499
Diamètre du corps cylindrique de la chaudière..	1m372
Longueur de la chaudière. . . .	3m202
Nombre des tubes.	280
Diamètre des tubes.	0m051
Diamètre des cylindres.	0m457
Course.	0m610
Diamètre du tuyau d'échappement. .	0m140
Diamètre des roues motrices.. . .	2m440
Diamètre des petites roues. . . .	1m372
Poids de la machine en fonction. . .	29 tonnes et demie.
Poids supporté par le moteur. . .	10 tonnes.

TABLEAU DES DIMENSIONS

DES MACHINES LOCOMOTIVES DE SHARP ET ROBERT.

Extrait de la notice comparative sur les machines locomotives par M. Félix Mathias, ingénieur, inspecteur du matériel au chemin de fer de Paris à Orléans.

FOYER.	
Largeur de la grille	1m10
Longueur de la grille	0. 91
Distance de la grille au premier rang des tubes	0. 54
Id. à la porte du foyer	0. 64
Id. au haut de la boîte à feu	1. 10
Surface de la grelle (mètre quarré)	1. 00
Capacité du foyer jusqu'au premier rang des tubes (en hectolitres)	5. 400
Id. à la porte du foyer	6. 400
Capacité totale	11. 011
TUBES DE FUMÉE.	
Diamètre intérieur	0. 040
Longueur	2. 540
Nombre	134
SURFACE DE CHAUFFE.	
Surface de chauffe directe (mètres quarrés)	5. 0320
Id. par les tubes	47. 99
Id. totale	53. 02
Id. réduite	21. 02
CHEMINÉE.	
Diamètre intérieur	0m350
Hauteur intérieure	1. 68
Section (mètre quarré)	0. 0961
Rapport de cette section à celle de la grille	10
CYLINDRES.	
Nombre	2
Diamètre intérieur	0m330
Course du piston	0. 464
TUYAU D'ÉCHAPPEMENT.	
Diamètre intérieur	0. 070
Surface d'échappement (cent. quarrés)	50. 69
Rapport de la surface de chauffe à celle d'échappement	52. 65
DIMENSIONS EXTÉRIEURES.	
Longueur totale sans tampons	5m16
Largeur à l'extérieur des chassis	1. 92
Largeur à l'extérieur de la boîte à feu	1. 27
Longueur de l'extérieur de la boîte à feu à l'extérieur de la boîte à fumée.	4. 20
ROUES MOTRICES.	
Diamètre des roues motrices	1m67
Nombre de bras	20
Section des bras vers le moyeu	52.85
Largeur de la jante à rebord	0m130
PETITES ROUES.	
Nombre	4
Diamètre	1m03
Nombre de bras	10
Section des bras vers le moyeu	56.90
ESSIEU COUDÉ.	
Diamètre du corps de l'arbre	0m140
Section des coudes	164/126
Rayon des manivelles	0m232
Poids de la machine	15000 kilog.

DIMENSIONS DES BOIS MÉPLATS DU COMMERCE.

	Épaisseur (lignes)	(m/m)		Largeur (pouces)	(m/m)	
Feuillets.	6 lignes	(13 m/m)	d'épaisseur sur	7 à 8 pouces	(189 à 216 m/m)	de largeur.
Panneaux.	9 —	(20)	—	8 à 9 —	(216 à 244)	—
Entrevaux ou planches ordinaires..	12 —	(27)	—	9 —	(244)	—
Echantillons.	15 —	(34)	—	9 —	(244)	—
Planches marchandes.	18 —	(41)	—	9 —	(244)	—
D°.	21 —	(47)	—	9 —	(244)	—
Bordages de navires.	24 —	(54)	—	12 —	(325)	—
Doublettes.	24 —	(54)	—	12 à 15 —	(325 à 405)	—
Plabords.	30 —	(68)	—	12 à 24 —	(325 à 650)	—
Membrures.	36 —	(81)	—	5 à 6 —	(135 à 162)	—
D°.	36 —	(81)	—	9 —	(244)	—
Madriers.	36 —	(81)	—	8 à 9 —	(216 à 244)	—

Grosseurs approximatives de pièces de bois qui composent les fermes de différentes formes et portées.

(Extrait de la 3ᵉ édit. de l'*Aide-Mémoire de mécanique pratique* de M. A. Morin, 1843.)

DÉTAIL DES PARTIES.	Ferme simple.			Ferme à entrait retroussé et arbalétrier allant du faîte au tirant.			Ferme avec entrait retroussé et jambe de force.			Ferme pour combles en mansardes.		
Largeur dans œuvre du bâtiment	m. 6	m. 9	m. 12	m. 6	m. 9	m. 12	m. 6	m. 9	m. 12	m. 6	m. 9	m. 12
	centimètres.			centimètres.			centimètres.			centimètres.		
Tirant ne portant pas de plancher	27 sur 24	33 sur 30	40 sur 36	»	»	»	»	»	»	»	»	»
Idem, portant un plancher	32 27	40 32	47 37	42 sur 30	52 sur 30	63 sur 45	42 sur 30	52 sur 37	63 sur 45	42 sur 30	52 sur 37	63 sur 45
Entrait retroussé	»	»	»	21 19	27 24	33 30	21 19	27 24	33 30	23 20	30 27	36 33
Jambe de force	»	»	»	»	»	»	24 19	29 24	35 30	22 20	29 27	34 33
Arbalétrier	22 19	26 24	32 30	22 19	26 24	32 30	18 15	22 18	27 22	20 18	25 23	30 28
Poinçon	19 19	24 24	30 30	19 19	24 24	30 30	15 15	18 18	22 22	18 18	23 23	28 28
Aisseliers	»	»	»	19 15	24 18	30 22	19 15	21 18	30 22	20 13	27 18	33 22
Jambettes	16 16	19 19	21 21	15 15	18 18	22 22	14 14	16 16	18 18	14 14	16 16	18 18
Contrefiches	16 16	19 19	21 21	15 15	18 18	22 22	14 14	16 16	18 18	14 14	16 16	18 18
Faîte	19 16	20 17	22 19	19 16	20 17	22 19	19 16	20 17	22 19	19 16	20 17	22 19
Liens de faîte	15 15	16 16	17 17	15 15	16 16	17 17	15 15	16 16	17 17	15 15	16 16	17 17
Pannes	19 19	20 20	22 22	19 19	20 20	22 22	19 19	20 20	22 22	19 19	20 20	22 22
Liernes	»	»	»	»	»	»	19 19	20 20	22 22	20 20	21 21	23 23
Tasseaux et chantignolles	19 19	20 20	22 22	19 19	20 20	22 22	19 19	20 20	22 22	19 19	20 20	22 22
Sablières	23 12	25 14	28 16	23 12	25 14	28 16	23 12	25 14	28 16	23 12	25 14	28 16
Blochets	»	»	»	»	»	»	18 14	20 15	22 16	18 14	20 15	22 16
Chevrons	9 9	10 10	11 11	9 9	10 10	11 11	9 9	10 10	11 11	9 9	10 10	11 11
Coyaux	8 7	9 8	10 9	8 7	9 8	1 9	8 7	9 8	10 9	8 7	9 8	10 9
Chanlatte	16 3	18 4	20 5	18 3	18 4	20 5	16 3	18 4	20 5	16 3	18 4	20 5

Poids absolus de diverses substances

FLUIDES ÉLASTIQUES.

NOMS DES SUBSTANCES.	Poids d'un décimètre cube, ou d'un litre.	NOMS DES SUBSTANCES.	Poids d'un décimètre cube, ou d'un litre.
	kil gr. mill.		kil. gr. mill.
Air atmosphérique........	0.001 299	Protoxide d'azote........	0.001 977
Vapeur d'iode.............	0.011 205	Acide carbonique.........	0,001 981
Vapeur d'éther hydriodique.	0.007 118	Gaz chlorhydrique.........	0.001 622
Vap. d'essence de térébent.	0.006 517	Gaz hydrosulfurique........	0.001 547
Gaz hydriodique...........	0.005 772	Gaz oxygène..............	0.001 433
Gaz fluo-silicique..........	0.004 646	Deutoxyde d'azote.........	0.001 347
Gaz chloro-carbonique.....	0.004 406	Gaz oléfiant..............	0.001 275
Vap de carbure de soufre .	0.003 438	Gaz azote................	0.001 268
Vap. d'éther sulfurique.....	0.003 395	Gaz oxyde de carbone.	0.001 243
Chlore..................	0 004 203	Vapeur hydrocianique......	0.001 231
Gaz euchlorine............	0.003 022	Hydrogène phosphuré......	0.001 131
Gaz fluoborique...........	0.003 082	Vapeur d'eau.............	0.000 811
Vap. d'éther chlorhydrique.	0.002 885	Gaz ammoniacal...........	0.000 776
Gaz sulfureux.............	0.002 849	Gaz hydrogène carboné.....	0.000 722
Gaz chlorocianique.........	0.002 744	Gaz hydrogène arsénical....	0.000 783
Cyanogène...............	0.002 347	Gaz hydrogène............	0.000 688 4
Vap. d'alcool absolu.......	0 002 096		

SUBSTANCES DIVERSES.

	kil.		kil.
Acide chlorhydrique. . . .	1.1940	Beurre.	0.9423
— nitreux.	1.5500	Bière.	1.024
— nitrique.	1.2715	Bismuth.	9.8220
— sulfurique à 66°. . . .	1.8409	Blanc de baleine.	0.9433
Acier écroui et non trempé.	7.8404	— d'œuf.	1.041
— *id.* et trempé. . .	7.8180	Bois aune.	0.800
— non écroui ni trempé.	7.8331	— Brésil.	1.031
— trempé non écroui. . .	7.8163	— buis de France.	0.912
Albâtre d'Europe.	1.8740	— *id.* de Hollande. . . .	1.328
— oriental.	2.7302	— Campêche.	0.913
Alcool absolu.	0.7150	— cèdre.	0.596
Alun.	1.7530	— cerisier.	0.715
Ammoniaque.	0.8970	— chêne aubier.	0.540
Anthracite.	1.8000	— *id.* cœur.	1.170
Antimoine fondu.	6.7120	— *id.* sec.	0.740
Ardoise.	2.8535	— *id* vert.	0.850
Argent à 951/1000 fondu. . .	10.1752	— coignassier.	0.705
— *id.* forgé. . .	10.3765	— cyprès.	0.644
— au titre de la monnaie,		— ébénier d'Amérique. . .	1.331
fondu.	10.0476	— *id.* des Indes.	1.200
— *id.* *id.* monnayé	10.4077	— érable.	0.775
— pur fondu.	10.4743	— fossile.	0.209 à 1 380
— pur forgé.	10 5107	— frêne.	0.845
Argile.	1.93	— gaïac.	1.333
Arsenic.	5.67	— grenadier.	1.354
Asphalte.	1.336	— hêtre.	0.842
Avoine (*h*).	0.470	— If.	0.807
Basalte d'Auvergne.	2.4215	— liège.	0.240
Beton de caillou.	2.485	— néflier.	0.944
— de meulières concas-		— noyer.	0.671
sées *dites* caillasses.	2.700	— oranger.	0.705
— de recoupe de pierres		— orme.	0.671
dures.	2.600	— peuplier blanc.	0.329
— de meulières poreuses.	2.857	— *id* ordinaire	0.383

NOMS DES SUBSTANCES.	Poids d'un décimètre cube, ou d'un litre.
	kil.
Bois poirier.	0.661
— pommier.	0.793
— prunier.	0.785
— sapin femelle.	0.498
— *id.* mâle.	0.550
— *id.* rouge.	0.657
— sassafras.	0.482
— saule.	0.585
— sureau.	0.695
— tilleul.	0.604
— vigne.	1.327
Borax.	1.720
Brôme.	2.966
Camphre.	0.996
Caoutchouc.	0.933
Charbon de bois fait en tas.	0.250
— en vase clos. . . .	0.150
Chaux sulfatée cristallisée.	2.414
— vive (*h*) (1). . . .	0.840
Chrôme fondu.	5.9000
Cire blanche.	0.9686
— jaune.	0.9748
— lard.	0.9478
Cobalt.	7.8119
Coke d'éclairage (*h*). . . .	0.340
— *id.* au four (*h*). . . .	0.400
Colza (*h*).	0.650
Cristal de Saint-Gobain . .	2.4882
Cuivre en fil.	8.8785
— fondu.	8.7880
— laiton fondu.	8.3950
— *id.* en fil.	8.5441
Diamants les plus légers. . .	3.5010
— les plus lourds. . .	3.5310
Eau de la mer Morte. . . .	1.2403
— de mer.	1.0263
— de pluie ou distillée. . .	1.0000
Eau-de-vie à 18 degrés. . .	0.9477
—— à 19 *id.* . . .	0.9416
—— à 22 *id.* . . .	0.9236
Esprit-de-vin à 33 degrés. .	0.8632
—— à 36 *id.* . .	0.848
Essence de cannelle. . . .	1.0439
— de gérofle.	1.0363
— lavande.	0.8938
— de menthe.	0.8510
— de térébenthine. . .	0.8697
Etain de Cornouailles écroui.	7.2994
— *id.* non écroui.	7.2914
— de Malacca écroui. .	7.3065
— *id.* non écroui.	7.2963
Ether acétique.	0.8664
— chlorhydrique . . .	0.8749
— nitrique.	0.9088
— sulfurique.	0.7119

NOMS DES SUBSTANCES.	Poids d'un décimètre cube, ou d'un litre.
	kil.
Farine de froment bonne qualité (*h*).	1.0350
Fer fondu.	7.2070
— forgé en barres. . . .	7.7880
Flint-Glass. (Voy. *Verre*).	3.3293
Glace.	0.9300
Graine de chenevis (*h*). . .	0.520
— de faine (*h*).	0.500
— de lin (*h*).	0.680
— de moutarde (*h*). .	
— d'œillette (*h*). . . .	0.620
— de navette d'été (*h*).	0.540
— *id.* d'hiver (*h*).	0.640
Graisse de bœuf.	0.9232
— de mouton.	0.9235
— de porc.	0.9368
— de veau.	0.0341
Granit des Vosges.	2.7165
— gris.	2.7279
— *id.* de Bretagne. .	2.7280
— rouge d'Egypte. . .	2.6541
Granitelle.	3.0626
Grès à bâtir.	1.9332
— à paveur.	2.4158
Houille compacte.	1.3292
— mesurée à l'hectol. (*h*)	0.800
Huile d'amende douce. . .	0.9170
— de baleine.	0.9233
— de faine (V. *Graines*).	0.9170
— de lin.	0.9403
— de navette.	0.9193
— de noix.	0.9227
— d'olive.	0.9158
— de pavot.	0.9288
Iode.	4.9480
Ivoire.	1.9170
Jayet ou lignite.	2.2590
Lait d'anesse.	1.0355
— de brebis.	1.0409
— de chèvre.	1.0341
— de femme.	1.0203
— de jument.	1.0346
— de vache.	1.0324
Laiton (Voy. *Cuivre*). . .	8.3950
Maçonnerie en brique. . . .	1.870
— en moellon. . .	2.250
— en pierre sèche.	1.450
Marbre campan vert. . . .	2.7417
— de Carrare.	2.7168
— de Paros.	2.8376
Mercure.	13.5980
Miel.	1.4500
Molybdène.	8.6110
Mortier.	1.7200
Naphte.	0.8473

(1) Toutes les substances qui sont accompagnées d'un *h* sont comptées mesurées au double décalitre ou à l'hectolitre, suivant les usages du commerce.

NOMS DES SUBSTANCES.	Poids d'un décimètre cube, ou d'un litre.	NOMS DES SUBSTANCES.	Poids d'un décimètre cube, ou d'un litre.
	kil.		kil.
Nickel.	8.2790	Quartz jaspé.	2.7101
Or à 833/1000 fondu.	15.7090	Rhodium.	11.0000
— *id.* forgé.	15.7746	Sable.	1.343
— à 917/1000 fondu.	17.4863	— de rivière.	1.880
— *id.* forgé.	17,5893	Schiste.	2.672
— au titre de la monnaie, fondu.	17.4022	Sélénium.	4.3200
— *id.* monnayé.	17.6473	Seigle (*h*).	0.740
— pur fondu.	19.2581	Sodium.	0.9726
— *id.* forgé.	19.3617	Son, mouture française (*h*).	0.200
Orge (*h*).	0 6330	— *id.* anglaise (*h*).	0.220
Os de bœuf.	1.6560	Soufre natif.	2.0330
— concassés.	0.5000	Sucre.	1.606
Palladium.	11.3000	Suif.	0.9419
Parafine.	0.8700	Tan (*h*).	0.350
Perles communes.	2.7500	Tellure fondu.	6.1150
Perles orientales.	2.6840	Terre argileuse de culture.	1.240
Phosphore.	1.7700	— composée de débris de roche.	1.750
Pierre à plâtre.	2.1679	— mêlée de gros graviers.	1.650
— d'Arcueil.	2.0605	— *id.* de petits graviers.	1.450
— de liais.	2.0778	— ordinaire végétale.	1.110
— de St-Leu.	1.6593	— savonneuse.	1.578
— fine de Meudon.	2.4353	— tourbe sèche (*h*).	0.444
— météorique.	3.575	Tripoli.	1.856 à 2.20
— meulière.	2.4835	Tungstène.	17.6000
— ponce.	0.9145	Urane.	8.1000
Platine écroui.	23.000	Verre à bouteilles (Voyez *Cristal*).	2.7325
— en fil.	21.0417	— à vitre.	2.6423
— forgé.	20.3366	Vinaigre.	1.019
— laminé.	22.6699	Vin de Bordeaux.	0.9939
Plâtre broyé (*h*) V. *Chaux*.	0.960	— de Bourgogne.	0.9215
Plomb.	11.3523	— de Champagne.	0.962
Poix-résine.	1.072	— de Madère.	1.03
Pomme de terre (*h*).	0.940	— de Porto.	0.997
Porphyre rouge.	2.7651	— du Cap.	18.220
Potassium.	0.8651	Zinc fondu.	6.8610
Poudre de guerre.	0.858		

Poids du mètre cube de divers matériaux de construction.

			kil.	kil.
Terreau		de	830	à 860
Tourbe	sèche		514	»
	humide		785	»
Terre végétale			1150	1280
Terre forte, graveleuse			1350	1450
Gravier			1370	1480
Cailloux			»	1658
Fragments de roches			1550	1800
Vase			1642	»
Argile et glaise			1636	1756
Marne			1570	1640
Sable	fin et sec		1400	1430
	fossile argileux		1710	1800
	de rivière humide		1770	1860

			kil.	kil.
Scories de forge, mâchefer			770	1000
Laitier vitreux			1400	1480
Pouzzolane	d'Italie		1160	1230
	du Vivarais		1080	1130
Trass d'Andernach			1070	1080
Brique			1500	1650
Chaux	vive sortant du four		800	860
	éteinte, en pâte ferme		1320	1430
Mortier de chaux et de	sable		1850	2140
	ciment		1650	1700
	mâchefer		1130	1220
Plâtre	cuit, battu et tamisé		1240	1260
	gâché	humide	1570	1600
		sec	1400	1415
Pierre à bâtir	tendre		1140	1720
	franche, demi-roche		1710	2000
	liais doux et roches		2140	2280
	liais, roches dures		2280	2430
	roches très compactes		2500	2710
Maçonnerie de	pierres de taille		2400	2700
	cailloux		2300	2400
	moellon		2150	2250
	briques		1750	1800
Houille, charbon de terre en fragments			750	920
Bois de construction	chêne			943
	frêne			845
	hêtre			852
	sapin		650	720
Bois de sciage et planches				614

Tableau du poids moyen de l'hectolitre ras de houille de différentes localités.

	kilog.
Houille de la mine de Labarte	88
Id. d'Auvergne et de Blanzy	87
Id. de la mine de Combelles	86
Id. *id.* de Lataupe	85
Id. *id.* de Saint-Etienne	84
Id de Decize	83
Id. du Creuzot	79
Id. de Mons	80

		Largeur.	Longueur	Epaisseur.	LE CENT	
Briques de	Bourgogne	0,226	0,108	0,054	de 241 k.	à 428 k.
	Montereau	0,217	0,108	0,050	208	214
	Sarcelles	0,210	0,088	0,047	180	184
Ardoise carrée forte		»	»	»	45	47
Id. fine		»	»	»	36	38
Tuiles de Bourgogne, grand moule		0,298	0,244	0,0135	223	225
Id. faîtières		0,352	»	»	379	385
Carreaux à 6 pans de	Bourgogne	0,162	»	»	84	»
	Sarcelles	0,162	»	»	74	»

Jours écoulés depuis le 1er janvier et à parcourir jusqu'au 31 décembre, pour les années de 365 jours.

QUANTIÈME.	JANVIER.		FÉVRIER.		MARS.		AVRIL.		MAI.		JUIN.		JUILLET.		AOUT.		SEPTEMB.		OCTOBRE.		NOVEMBRE		DÉCEMBRE	
	Écoulé	Reste	Écoulé	Reste	Écoulé	Reste	Écoulé	Reste	Écoulé	Reste	Écoulé	Reste	Écoulé	Reste	Écoulé	Reste	Écoulé	Reste	Écoulé	Reste	Écoulé	Reste	Écoulé	Reste
1	1	365	32	334	60	306	91	275	121	245	152	214	182	184	213	153	244	122	274	92	305	61	335	31
2	2	364	33	333	61	305	92	274	122	244	153	213	183	183	214	152	245	121	275	91	306	60	336	30
3	3	363	34	332	62	304	93	273	123	243	154	212	184	182	215	151	246	120	276	90	307	59	337	29
4	4	362	35	331	63	303	94	272	124	242	155	211	185	181	216	150	247	119	277	89	308	58	338	28
5	5	361	36	330	64	302	95	271	125	241	156	210	186	180	217	149	248	118	278	88	309	57	339	27
6	6	360	37	329	65	301	96	270	126	240	157	209	187	179	218	148	249	117	279	87	310	56	340	26
7	7	359	38	328	66	300	97	269	127	239	158	208	188	178	219	147	250	116	280	86	311	55	341	25
8	8	358	39	327	67	299	98	268	128	238	159	207	189	177	220	146	251	115	281	85	312	54	342	24
9	9	357	40	326	68	298	99	267	129	237	160	206	190	176	221	145	252	114	282	84	313	53	343	23
10	10	356	41	325	69	297	100	266	130	236	161	205	191	175	222	144	253	113	283	83	314	52	344	22
11	11	355	42	324	70	296	101	265	131	235	162	204	192	174	223	143	254	112	284	82	315	51	345	21
12	12	354	43	323	71	295	102	264	132	234	163	203	193	173	224	142	255	111	285	81	316	50	346	20
13	13	353	44	322	72	294	103	263	133	233	164	202	194	172	225	141	256	110	286	80	317	49	347	19
14	14	352	45	321	73	293	104	262	134	232	165	201	195	171	226	140	257	109	287	79	318	48	348	18
15	15	351	46	320	74	292	105	261	135	231	166	200	196	170	227	139	258	108	288	78	319	47	349	17
16	16	350	47	319	75	291	106	260	136	230	167	199	197	169	228	138	259	107	289	77	320	46	350	16
17	17	349	48	318	76	290	107	259	137	229	168	198	198	168	229	137	260	106	290	76	321	45	351	15
18	18	348	49	317	77	289	108	258	138	228	169	197	199	167	230	136	261	105	291	75	322	44	352	14
19	19	347	50	316	78	288	109	257	139	227	170	196	200	166	231	135	262	104	292	74	323	43	353	13
20	20	346	51	315	79	287	110	256	140	226	171	195	201	165	232	134	263	103	293	73	324	42	354	12
21	21	345	52	314	80	286	111	255	141	225	172	194	202	164	233	133	264	102	294	72	325	41	355	11
22	22	344	53	313	81	285	112	254	142	224	173	193	203	163	234	132	265	101	295	71	326	40	356	10
23	23	343	54	312	82	284	113	253	143	223	174	192	204	162	235	131	266	100	296	70	327	39	357	9
24	24	342	55	311	83	283	114	252	144	222	175	191	205	161	236	130	267	99	297	69	328	38	358	8
25	25	341	56	310	84	282	115	251	145	221	176	190	206	160	237	129	268	98	298	68	329	37	359	7
26	26	340	57	309	85	281	116	250	146	220	177	189	207	159	238	128	269	97	299	67	330	36	360	6
27	27	339	58	308	86	280	117	249	147	219	178	188	208	158	239	127	270	96	300	66	331	35	361	5
28	28	338	59	307	87	279	118	248	148	218	179	187	209	157	240	126	271	95	301	65	332	34	362	4
29	29	337	0	0	88	278	119	247	149	217	180	186	210	156	241	125	272	94	302	64	333	33	363	3
30	30	336	0	0	89	277	120	246	150	216	181	185	211	155	242	124	273	93	303	63	334	32	364	2
31	31	335	0	0	90	276	0	0	151	215	0	0	212	154	243	123	0	0	304	62	0	0	365	1

Ouvrages nouvellement publiés.

ALBUM DES CHEMINS DE FER, résumé graphique du Cours professé par M. A. PERDONNET à l'École Centrale des Arts et Manufactures. — 3e édition, revue et augmentée par M. Germain CORNET, ingénieur civil, répétiteur à l'École Centrale. 1 vol. in-8 oblong, 78 planches. — Décembre 1853. 10 fr.

DICTIONNAIRE TECHNOLOGIQUE des termes techniques employés dans les arts industriels et dans la mécanique, la physique et la chimie manufacturières, par TOLHAUSEN frères et GARDISSAL, ingénieurs civils. 1854—1855.

Français-Anglais-Allemand. 1 vol. in-12. 7 fr.
Anglais-Français-Allemand. 1 vol. in-12. 7 fr.
Allemand-Français-Anglais. 1 vol. in-12. 7 fr.

ÉDUCATION SCIENTIFIQUE DES JEUNES DEMOISELLES. Notions élémentaires de Physique et de Chimie, par B. MIÈGE, professeur à l'Administration centrale des Lignes télégraphiques. 1 joli vol. in-12, avec 150 gravures sur bois. 1855. 4 fr. 50

INSTRUCTION SUR LA RÈGLE A CALCUL, par GUY, professeur de mécanique industrielle à l'École impériale des Arts et Métiers de Châlons-sur-Marne. Brochure in-12, 2e édition. 1854. 1 fr.

NOTE SUR LES COMBUSTIBLES employés pour le service de quelques chemins de fer français, par A. DE FONTENAY, ingénieur civil. Brochure in-8. 1855. 1 fr. 50

NOUVELLES TABLES POUR LES CALCULS D'INTÉRÊTS simples et composés, d'amortissement, d'annuités de primes, etc., par P.-A. VIOLEINE, chef de bureau au Ministère des Finances. 1 vol. in-4°. 1854. 15 fr.

Paris. — Imprimerie de G. GRATIOT, rue Mazarine, 30

www.ingramcontent.com/pod-product-compliance
Ingram Content Group UK Ltd.
Pitfield, Milton Keynes, MK11 3LW, UK
UKHW012229240726
13966UKWH00003B/1030